Avant-propos

Les applications des opérations mathématiques sur les signaux considérées ici dépassent très largement les calculs.

Cette édition, basée sur mon livre « Physique appliquée : électronique », est destinée aux étudiants et aux professionnels. Elle se veut être un accompagnement nécessaire dans leur travail actuel et à venir.

Table des matières

1 Addition 1
  1.1 Additionneurs 1
  1.2 Exercices résolus 2
      1.2.1 Conception d'un additionneur 2
      1.2.2 Thermomètre en degrés Celsius 3
  1.3 Exercices à résoudre 4
  1.4 Petit projet : Thermomètre à diode 5

2 Soustraction 7
  2.1 Soustracteurs. Amplificateurs d'instrumentation 7
  2.2 Exercices résolus 9
      2.2.1 Amplificateur différentiel à un amplificateur opérationnel 9
      2.2.2 Soustracteur-additionneur 10
      2.2.3 Pont de Wheatstone à sortie non symétrique 10
      2.2.4 Amplificateur d'instrumentation à trois amplificateurs opérationnels 11
  2.3 Exercices à résoudre 14
      2.3.7 Amplificateur différentiel à deux amplificateurs opérationnels 15
      2.3.9 Convertisseur de l'entrée non symétrique d'un appareil de mesure
          en entrée symétrique 15

3 Multiplication 16
  3.1 Multiplicateurs 16
      Duplication de la fréquence 16
      Amplificateur à gain commandé par tension 16
      Phasemètre 17
      Modulation d'amplitude 17
      Diviseur analogique 18
  3.2 Exercice résolu : Extraction de la racine carrée 19
  3.3 Exercices à résoudre 20
      3.3.1 Wattmètre 20
      3.3.2 Convertisseur de la valeur efficace (RMS) d'une tension en valeur continue (DC) 21
      3.3.3 Filtres commandés par tension 22
      3.3.4 Linéarisation d'un pont de Wheatstone à l'aide du multiplicateur AD633 23
      3.3.5 Linéarisation d'un pont de Wheatstone à l'aide du multiplicateur AD534 24
  3.4 Travail pratique : Filtre passe-bas commandé par tension 25
  3.5 Petit projet : Voltmètre valeur efficace vraie 25

4 Dérivation 28
  4.1 Dérivateurs 28
      Dérivation d'impulsions rectangulaires 30
  4.2 Exercices résolus 32
      4.2.1 Conception d'un dérivateur 32
      4.2.2 Obtention d'une tension rectangulaire d'amplitude réglable 32
  4.3 Exercices à résoudre 34
  4.4 Travaux pratiques 35
      4.4.1 Mesure d'un dérivateur 35
      4.4.2 Influence de la résistance interne du générateur R_G et de la capacité de la charge C_L
          sur le dérivateur d'impulsions rectangulaires 35

5 Intégration 36
  5.1 Intégrateurs 36
  5.2 Exercices résolus 38
      5.2.1 Bande de fréquences d'un intégrateur 38
      5.2.2 Intégration d'impulsions rectangulaires 40
  5.3 Exercices à résoudre 41
      5.3.1 Influence des erreurs statiques de l'amplificateur opérationnel sur l'intégration 41
      5.3.2 Intégrateur différentiel 42

    5.4 Travail pratique : Essai d'un intégrateur 42
Annexe A
Méthodes d'analyse des circuits linéaires en régime sinusoïdal 43
    La loi d'Ohm en notation complexe 43
    La loi de Kirchhoff en notation complexe 43
    La loi des mailles en notation complexe 43
    Le théorème de Thévenin en notation complexe 44
        Exemple 2 : Balance électronique 45
        Exemple 3 : Capteur de niveau 47
    Le théorème de Norton en notation complexe 48
    Équivalence des modèles de Thévenin et de Norton 48
    Le théorème de superposition en notation complexe 49
Annexe B
Amplificateurs opérationnels 50
  B1 Paramètres et caractéristiques 50
  B2 Montages amplificateurs de base 55
    Montage inverseur 55
    Montage non inverseur 55
    Montage suiveur (tampon) 56
Annexe C
Filtres *R-C* 57
  C1 Filtre passe-bas 57
  C2 Filtre passe-haut 58

1 ADDITION

1.1 Additionneurs

Les additionneurs sont des circuits analogiques linéaires qui réalisent la fonction addition des valeurs instantanées de deux ou plusieurs tensions. (A ne pas confondre avec les additionneurs numériques). Ils sont le plus souvent réalisés à l'aide des amplificateurs opérationnels.

Les additionneurs à amplificateur opérationnel peuvent être non inverseurs ou inverseurs.

♦ **Montage non inverseur**

La figure 1 représente un additionneur non inverseur à trois entrées.

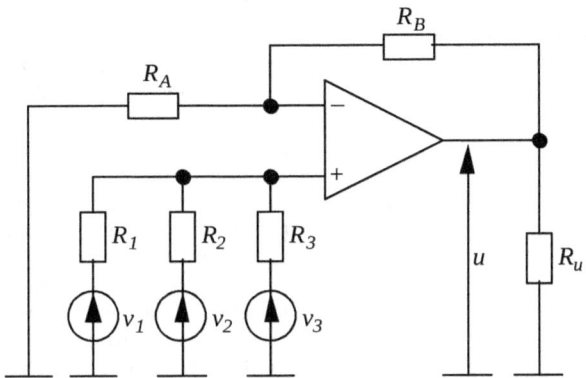

Fig. 1 Additionneur non inverseur

Les résistances internes (de Thévenin) des générateurs de tensions d'entrée v_1, v_2 et v_3 sont considérées comme négligeables ou incorporées dans les résistances R_1, R_2 et R_3. Si l'amplificateur opérationnel est parfait, ses courants d'entrée sont nuls et les potentiels des entrées inverseuse et non inverseuse sont égaux :

$$u \frac{R_A}{R_A+R_B} = \frac{\frac{v_1}{R_1}+\frac{v_2}{R_2}+\frac{v_3}{R_3}}{\frac{1}{R_1}+\frac{1}{R_2}+\frac{1}{R_3}},$$

d'où

$$u = \underbrace{\left(1+\frac{R_B}{R_A}\right)\cdot(R_1\|R_2\|R_3)}_{a} \left(\frac{v_1}{R_1}+\frac{v_2}{R_2}+\frac{v_3}{R_3}\right) = \frac{a}{R_1}v_1 + \frac{a}{R_2}v_2 + \frac{a}{R_3}v_3. \quad (1)$$

La tension de sortie est égale à la somme pondérée des tensions d'entrée. Si on choisit $R_1 = R_2 = R_3 = a$, les coefficients de pondération seront égaux à l'unité et $u = v_1 + v_2 + v_3$.

Pour que le montage reste linéaire, il faut que $U^0 < u < U^1$, où U^0 et U^1 sont les tensions de saturation de l'amplificateur opérationnel (voir l'Annexe B).

Les résistances d'entrée vues par les générateurs de tension d'entrée sont $R_{e1} = R_1 + R_2 \| R_3$, $R_{e2} = R_2 + R_1 \| R_3$ et $R_{e3} = R_3 + R_1 \| R_2$ respectivement (pour R_{e1}, on met $v_2 = 0$ et $v_3 = 0$ par exemple).

Pour minimiser la tension de décalage de sortie, on choisit les résistances de Thévenin branchées aux entrées inverseuse et non inverseuse égales :

$$R_A \| R_B = R_1 \| R_2 \| R_3. \quad (2)$$

Pour annuler complètement la tension de décalage de sortie, on branche et on règle le potentiomètre prévu par le constructeur.

Le défaut principal de ce montage est que les coefficients de pondération ne peuvent pas être réglés ou ajustés indépendamment. Si par exemple on ajuste la valeur de R_1, cela va changer les trois coefficients de pondération et non seulement celui devant v_1. Dans le cas d'une table de mixage dans un studio ou dans une discothèque par exemple, cela signifie que quand on règle le niveau sonore du soliste, on touche involontairement aux niveaux sonores de l'orchestre et du speaker, ce qui est inadmissible. C'est pour cela que l'additionneur non inverseur est rarement utilisé.

♦ **Montage inverseur**

La figure 2 représente un additionneur inverseur à trois entrées.

Les résistances internes (de Thévenin) des générateurs de tensions d'entrée v_1, v_2 et v_3 sont considérées comme négligeables ou incorporées dans les résistances R_1, R_2 et R_3. Si l'amplificateur opérationnel est parfait, ses courants d'entrée sont nuls et l'entrée inverseuse est une masse virtuelle. L'application de la loi de Kirchhoff (voir l'Annexe A) à cette entrée donne : $\frac{u}{R}+\frac{v_1}{R_1}+\frac{v_2}{R_2}+\frac{v_3}{R_3}=0$,

d'où

$$u = -(\frac{R}{R_1}v_1 + \frac{R}{R_2}v_2 + \frac{R}{R_3}v_3). \qquad (3)$$

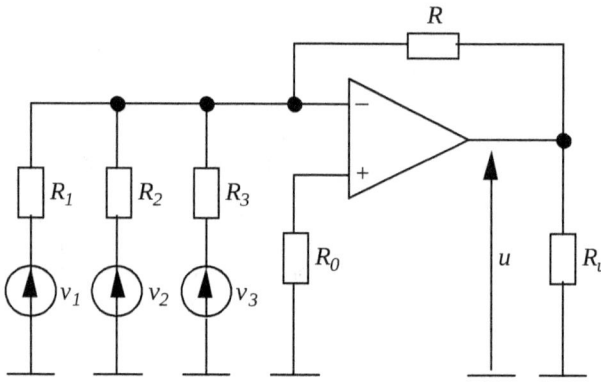

Fig. 2 Additionneur inverseur

La tension de sortie est égale à la somme pondérée des tensions d'entrée et en opposition de phase de cette somme. Si on choisit $R_1 = R_2 = R_3 = R$, les coefficients de pondération seront égaux à l'unité et $u = -(v_1 + v_2 + v_3)$. Les coefficients de pondération peuvent être réglés ou ajustés indépendamment.

Pour que le montage soit linéaire, il faut que $U^0 < u < U^1$.

La résistance R_0 sert à minimiser la tension de décalage de sortie. Elle doit être égale à la résistance de Thévenin (voir l'Annexe A) branchée à l'entrée inverseuse :

$R_0 = R_1 \parallel R_2 \parallel R_3 \parallel R$.

Pour annuler complètement la tension de décalage de sortie, il faut brancher et régler le potentiomètre prévu par le constructeur.

Les résistances d'entrée vues par les générateurs de tension d'entrée sont égales à R_1, R_2 et R_3 respectivement.

1.2 Exercices résolus

1.2.1 Conception d'un additionneur.

Concevoir un additionneur non inverseur réalisant l'équation $u = v_1 + 5v_2 + 10v_3$. Les résistances d'entrée doivent être supérieures à 10 kΩ.

Solution

Il faut (voir (1)) $\frac{a}{R_1}=1$, $\frac{a}{R_2}=5$, $\frac{a}{R_3}=10$. Pour assurer des résistances d'entrée supérieures à 10 kΩ, on choisit la plus petite des résistances $R_3 = 10$ kΩ. On aura alors $a = 100$ kΩ, $R_1 = 100$ kΩ, $R_2 = 20$ kΩ, $R_{e1} = R_1 + R_2 \parallel R_3 = 106,6$ kΩ, $R_{e2} = R_2 + R_1 \parallel R_3 = 29$ kΩ et $R_{e3} = R_3 + R_1 \parallel R_2 = 26,6$ kΩ. De $a = (1 + \frac{R_B}{R_A})(R_1 \parallel R_2 \parallel R_3)$ et de (2) on calcule $R_B = a = 100$ kΩ et $R_A = 6,67$ kΩ.

1.2.2 Thermomètre en degrés Celsius

Le capteur de température LM335 de *National Semiconductor* est un circuit intégré équivalent à une diode de Zéner d'une tension de claquage V_z directement proportionnelle à la température absolue T :
$V_z = 0,01T$ de - 40 °C (233,2 K) à 100 °C (373,2 K).
Il a une résistance dynamique $r_z \leq 1\ \Omega$ et doit être alimenté par un courant entre 400 µA et 5 mA.
Les capteurs de ce type sont parmi les plus précis.
A l'aide d'un additionneur inverseur, convertir la tension de sortie V_z du capteur LM335 en une tension U directement proportionnelle à la température Celsius θ :
$U = 0,1\theta$ de 0 à 100 °C.

<u>Solution</u>

Le schéma de principe du montage est le suivant :

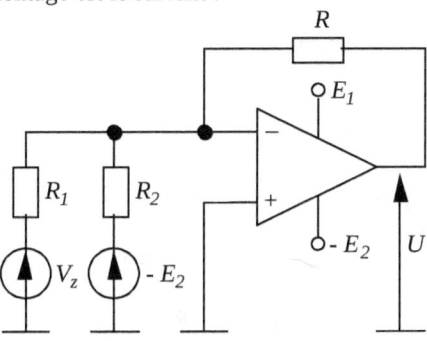

Le générateur de tension V_z représente le capteur LM335. Sa résistance interne (de Thévenin) est négligée parce que très petite. Le générateur de tension $-E_2$ est la source d'alimentation de l'amplificateur opérationnel laquelle aussi a une résistance interne négligeable. C'est un additionneur inverseur (voir fig. 2) à deux entrées avec $v_1 = V_z$ et $v_2 = -E_2$.

Le montage inverseur a été choisi parce qu'il permet un calibrage indépendant du thermomètre aux températures minimale (0 °C) et maximale (100 °C). Mais ce montage donne une tension U négative ; ce n'est pas elle, mais sa valeur absolue qui sera proportionnelle à la température θ.
On a alors (voir (3)) :

$$U = -\frac{R}{R_1}V_z + \frac{R}{R_2}E_2 = -\frac{R}{R_1} \times 0,01T + \frac{R}{R_2}E_2.$$

A $\theta = 0$ °C ($T = 273,2$ K), on veut que $U = 0$, d'où :

$$0 = -2,732\frac{R}{R_1} + \frac{R}{R_2}E_2.$$

A $\theta = 100$ °C ($T = 373,2$ K), on veut que $U = -0,1\theta = -10$ V, d'où :

$$-10 = -3,732\frac{R}{R_1} + \frac{R}{R_2}E_2.$$

La tension de saturation U^0 de l'amplificateur opérationnel doit être supérieure à la valeur maximale de U en valeur absolue pour qu'il fonctionne en régime linéaire. Pour ce faire, on choisit $E_2 = 12$ V.

Les résistances doivent être assez grandes pour ne pas surcharger le capteur et la sortie de l'amplificateur opérationnel et pour minimiser la consommation. L'une d'elles peut être choisie librement. Choisissons par exemple $R_1 = 22$ kΩ afin que le courant la traversant ne dépasse pas 0,2 mA (à $T = 373,2$ K). Les deux dernières équations donnent alors : $R = 10R_1 = 220$ kΩ et $R_2 = 96,6$ kΩ.

Le calibrage de l'appareil pourrait être fait de manière suivante.
Si l'on met R_2 à la masse ($E_2 = 0$, mais pas celle de l'amplificateur opérationnel!), le montage

devient un amplificateur inverseur ordinaire pour lequel $U = - \dfrac{R}{R_1} V_z$ (voir l'Annexe B). On règle soit R_1, soit R pour que le module de l'amplification $\dfrac{U}{V_z}$ soit juste égal à 10. Pour éviter l'influence de la tension de décalage de sortie sur le résultat, on peut faire la mesure avec une tension V_z sinusoïdale d'une fréquence de quelques centaines de hertz. Pour ne pas saturer l'amplificateur opérationnel, son amplitude doit être inférieure à 1 V. La mesure de U et V_z se fait par un voltmètre (en valeurs efficaces) ou par un oscilloscope (en valeurs crêtes) avec une moindre précision. Ce réglage permet d'obtenir une sensibilité égale à 100 mV/°C (dix fois plus grande que celle du capteur LM335).

Pour fixer l'intervalle de 0 à 100 °C, on branche R_2 à - E_2, on applique une tension $V_z = - 2,372$ V continue correspondant à 0 °C (273,2 K) et on règle la résistance R_2 pour annuler la tension de sortie U. Ce réglage permet de compenser en même temps la tension de décalage de sortie de l'amplificateur opérationnel.

Le schéma électrique complet du montage est :

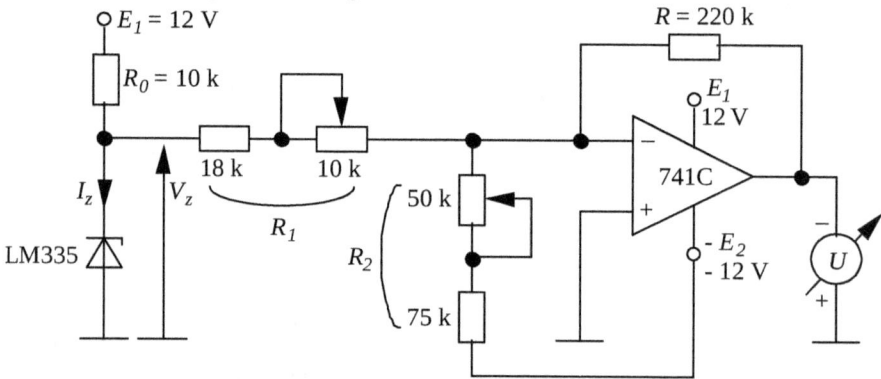

Les résistances R_1 et R_2 ont une partie fixe et une partie réglable pour un réglage plus fin et pour éviter leur annulation. Le voltmètre doit mesurer les tensions de 0 à - 10 V et peut être gradué en température (de 0 à 100 °C). La résistance R_0 est choisie de façon à assurer le courant traversant le capteur LM335. A 0 °C $V_z = 2,732$ V et $I_{R1} = 0,12$ mA, et à 100 °C $V_z = 3,732$ V et $I_{R1} = 0,17$ mA, ce qui fait que le courant $I_z = \dfrac{E_1 - V_z}{R_0} - I_{R1}$ va varier de 0,7 à 0,75 mA, valeurs incluses entre les 0,4 et 5 mA acceptables. L'amplificateur opérationnel est le 741C.

Remarque. Cet appareil pourrait être réalisé comme un petit projet

1.3 Exercices à résoudre

1.3.1
Concevoir un additionneur inverseur réalisant l'équation $u = - (2,5v_1 + v_2 + 7v_3)$. Les résistances d'entrée doivent être supérieures à 10 kΩ.

1.3.2
Soit un additionneur inverseur (voir fig. 2) à deux entrées. Tracer le chronogramme de la tension de sortie u si l'amplificateur opérationnel est idéal, $R_1 = R = 200$ kΩ, $R_2 = 50$ kΩ, $U^1 = - U^0 = 11$ V et
a) $v_1 = 5$ V continue et v_2 est une tension sinusoïdale d'une amplitude de 1 V ;
b) $v_1 = - 5$ V continue et v_2 est une tension sinusoïdale d'une amplitude de 2 V.
Conclure.

1.4 Petit projet
1.4.1 Thermomètre à diode
Objectif

Concevoir et confectionner un thermomètre électronique utilisant comme capteur une diode.

Cahier des charges

(1) Calibre unique de 0 à 100 °C.

(2) Capteur - un transistor de faible puissance branché en diode.

(3) Alimentation par deux piles alcalines de 9 V.

Suggestion de réalisation et consignes

Le montage proposé permet d'obtenir un calibrage indépendant à 0 °C et à 100 °C. Il fait recours à un amplificateur opérationnel bon marché (type 741) et à deux références de tension LM113 du constructeur *National Semiconductor*. Ces dernières sont des circuits intégrés équivalents à une diode de Zéner très performante : leur tension nominale V_z est de 1,22 V et varie de quelques millivolts seulement quand la température varie de 0 à 100 °C et le courant - de 0,5 à 20 mA ; leur résistance dynamique est très petite (0,2 ohms). La sonde est le transistor 2N2222 en boîtier métallique type TO-18 branché en diode ; son collecteur est thermiquement et électriquement lié au boîtier.

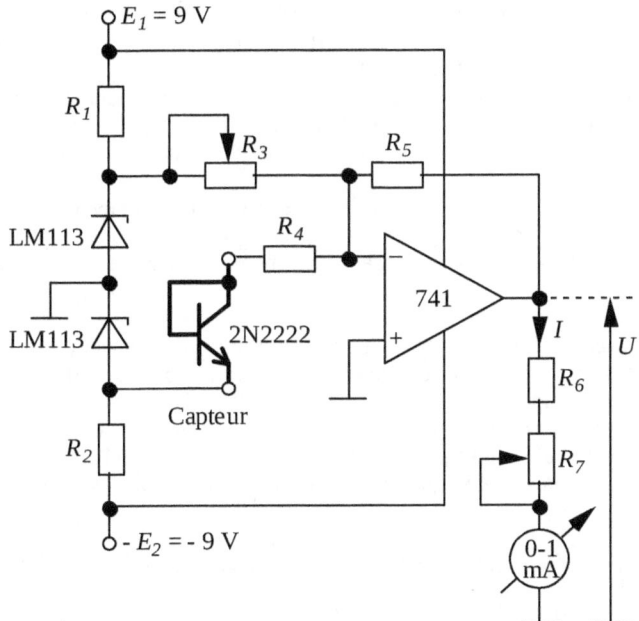

L'amplificateur opérationnel fonctionne comme additionneur (voir l'exercice 1.2.2) dont la tension de sortie est proportionnelle à la valeur négative de la tension V_{BE} (base-émetteur) du transistor lequel fonctionne exactement comme une diode. La tension V_{BE} dépend de la température d'une façon très linéaire : $\dfrac{dV_{BE}}{dt} \approx$ - 2 mV/K de - 50 à 125 °C. Le circuit convertit donc la température T en tension U. La tension est ensuite convertie en courant par les résistances R_6-R_7 et ce courant qui est proportionnel à la température est mesuré par l'ampèremètre 0-1 mA à aiguille. La tension U pourrait être mesurée aussi par un voltmètre courant continu électromécanique, analogique ou numérique ; dans ce cas le calibrage à 100 °C s'effectue en réglant la résistance R_5.

1 Analyser le circuit en considérant l'amplificateur opérationnel et les références de tension comme idéaux et prouver que la tension de sortie est :

$$U = V_z \left(\frac{R_5}{R_4} - \frac{R_5}{R_3} \right) - V_{BE} \frac{R_5}{R_4}.$$

2 Choisir la valeur de la résistance R_4 de façon à assurer un courant de 0,2 mA environ à travers la diode 2N2222 (pour ce calcul, prendre une valeur approximative de $V_{BE} \approx 0{,}6$ V). La valeur du courant est choisie faible afin de réduire au minimum l'échauffement électrique de la diode. Mais elle ne doit pas être trop faible pour éviter l'influence du courant inverse qui dépend fortement de la température.

3 Choisir les résistances R_1 et R_2 de façon à assurer un courant de 1 mA environ à travers les références de tension LM113 quand $E_1 = E_2 = 9$ V. Tenir compte des courants passants par les résistances R_4 et R_3. Quel est le rapport entre ces deux courants? Par où passent-ils?

4 Calculer la valeur approximative de la résistance ajustable R_3 à laquelle $U = 0$ et par conséquent le courant de l'ampèremètre $I = 0$. Cela doit correspondre à $T = 0$ °C à laquelle on peut supposer que $V_{BE} \approx 0{,}55$ V. Choisir une valeur nominale de R_3 deux fois plus grande pour pouvoir calibrer l'appareil à $T = 0$ °C.

5 Calculer la résistance R_5 de façon qu'à $T = 100$ °C la tension U soit maximale, mais inférieure à la tension de saturation U^1 de l'amplificateur opérationnel (ce dernier ne doit pas sortir du régime linéaire!). Compte tenu de l'épuisement possible des piles et de la présence d'une charge, prendre $U^1{}_{\min} \approx 6{,}5$ V.

6 Choisir la résistance fixe R_6 et la résistance ajustable R_7 de façon qu'à la tension $U \approx 6{,}5$ V corresponde un courant $I = 1$ mA ± 30 % environ. Tenir compte de la résistance interne de l'ampèremètre (la mesurer si elle n'est pas donnée au catalogue).

7 Réaliser le montage sur une plaque à trous de laboratoire. Assurer l'isolation électrique et l'étanchéité de la sonde en mettant par exemple le transistor au bout d'une gaine de caoutchouc et/ou en enveloppant ses broches par une goutte de silicone. Alimenter par l'alimentation stabilisée de laboratoire.

8 Pour calibrer à $T = 0$ °C, mettre le boîtier du transistor en contact avec une mélange d'eau et de morceaux de glace du congélateur et régler la résistance R_3 jusqu'à ce que le courant I devient positif puis nul. Ce réglage permet de compenser également la tension de décalage de sortie de l'amplificateur opérationnel.

Mesurer la tension V_{BE} sur la diode.

9 Pour calibrer à la température maximale, mettre le boîtier du transistor en contact avec de l'eau bouillante ou frémissante (attention à l'étanchéité!). La température de l'eau bouillante étant normalement légèrement inférieure à 100 °C, il vaut mieux la mesurer avec un thermomètre de référence. Supposons qu'elle soit égale à 98 °C. Dans ce cas, il faut régler la résistance R_7 jusqu'à ce que le courant I atteint la valeur de 0,98 mA. S'assurer (comment?) qu'à ce moment l'amplificateur opérationnel ne soit pas saturé, même quand les tensions d'alimentation soient minimales et égales à 8,4 V.

Mesurer la tension V_{BE} sur la diode. Calculer la valeur exacte du coefficient $\dfrac{dV_{BE}}{dt}$.

10 Mesurer la consommation à la température ambiante.

11 Graduer le cadran du milliampèremètre en degrés Celsius (échelle linéaire). Concevoir un circuit imprimé et une construction mécanique comportant le milliampèremètre, les piles et un commutateur de mise en marche. Réaliser et tester l'appareil. Estimer sa précision en comparant les mesures avec celles d'un thermomètre de référence. Quelle est votre température? Si elle dépasse 42 °C et que vous êtes encore vivants, qu'est-ce qu'il faut faire?

12 Rédiger un compte rendu incluant le cahier des charges, le schéma électrique, la carte imprimée et les dessins concernant la construction mécanique, les calculs, les résultats des mesures et des tests, la nomenclature des composants, l'estimation du coût et des conclusions.

2 SOUSTRACTION

2.1 Soustracteurs. Amplificateurs d'instrumentation

♦ Intérêt

Les soustracteurs sont des circuits analogiques linéaires qui réalisent la fonction soustraction des valeurs instantanées de deux tensions. La soustraction peut être accompagnée d'une amplification de la différence des deux tensions ; dans ce cas, le soustracteur est un *amplificateur différentiel*. Les amplificateurs différentiels sont souvent utilisés dans les systèmes de mesure; dans ce cas, on les appelle *amplificateurs d'instrumentation*.

Soit le pont de Wheatstone de la balance électronique de l'Exemple 2 de l'Annexe A :

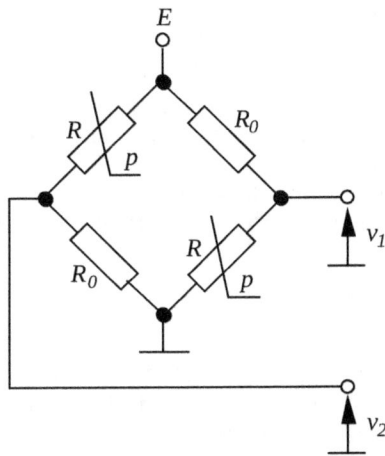

Sans l'objet à peser, la résistance R des jauges de contrainte est égale à R_0, le pont est équilibré et $v_1 = v_2 = \dfrac{E}{2}$; la différence des deux tensions que l'on appelle *tension différentielle* est nulle :

$v_d = v_1 - v_2 = 0$.

Avec l'objet à peser, les résistances des jauges croissent proportionnellement à sa masse M :

$R = R_0 + \Delta R = R_0(1 + KM)$

avec K - la sensibilité des jauges.

Dans ce cas, la tension différentielle sera :

$$v_d = v_1 - v_2 = E\frac{R}{R+R_0} - E\frac{R_0}{R+R_0} = E\frac{\Delta R}{2R_0 + \Delta R} \approx E\frac{\Delta R}{2R_0}, \text{ car } \Delta R << 2R_0.$$

<u>Exemple</u>. Si $E = 5$ V, $R_0 = 1,8$ kΩ, $K = 0,005$ kg^{-1} et $M = 100$ g, on calcule :

$\Delta R = R_0 KM = 1,8 \times 10^3 \times 0,005 \times 0,1 = 0,9$ Ω, ce qui est 4 000 fois inférieur à $2R_0$,

$$v_d = \frac{E}{2}KM = \frac{5}{2} \times 0{,}005 \times 0{,}1 = 0{,}001\,25 \text{ V} = 1{,}25 \text{ mV}.$$

Théoriquement, pour mesurer la masse, on peut mesurer la tension v_1 par un voltmètre. Le calibre à utiliser serait de 3 V. Sur ce calibre, la précision du voltmètre doit être meilleure que 1,25 mV pour qu'il puisse mesurer la masse (le poids) de l'objet à peser avec une incertitude de 100 g (ce qui n'est pas très précis!). La classe du voltmètre doit être donc meilleure que $\frac{1{,}25 \times 10^{-3}}{3}$ = 0,04 %. Des voltmètres d'une telle classe n'existent pas.

Il est beaucoup plus aisé de mesurer la tension différentielle v_d. En effet, c'est elle qui porte l'information utile sur la masse de l'objet pesé. Dans la tension v_1, cette information est superposée à une tension beaucoup plus grande ($\frac{E}{2}$) qui ne porte aucune information utile. Cette dernière tension est commune à v_1 et v_2. On l'appelle *tension de mode commun* (MC). Plus précisément, elle est définie comme la valeur moyenne de v_1 et v_2 :

$$v_{MC} = \frac{v_1 + v_2}{2} = \frac{E\frac{R}{R+R_0} + E\frac{R_0}{R+R_0}}{2} = E\frac{R+R_0}{2(R+R_0)} = \frac{E}{2}.$$

La tension différentielle étant petite, on procède d'abord à son amplification et on mesure la tension amplifiée (voir le schéma synoptique à l'Exemple 2 de l'Anexe A). La classe du voltmètre peut être tout à fait ordinaire (2 % par exemple).

L'amplificateur nécessaire doit avoir deux entrées pour les tensions v_1 et v_2 ou, ce qui est la même chose, une entrée pour la tension v_d. Aucune des bornes de cette entrée n'est directement liée à la masse. On l'appelle *symétrique* ou *flottante*.

♦ **Réalisations**

L'amplificateur opérationnel (voir l'Annexe B) est, lui-même, un amplificateur différentiel, parce que sa tension de sortie est proportionnelle (en régime linéaire) à la différence ε des tensions à ses deux entrées. Mais il est inutilisable comme tel, parce que sa sortie se sature à des tensions ε très petites à cause de sa grande amplification en tension A ; et quand il est saturé, il ne fonctionne plus en régime linéaire, son amplification A devient nulle et il n'est pas un amplificateur du tout. Pour que l'amplificateur opérationnel puisse être utilisé comme amplificateur différentiel, il faut qu'il soit bouclé comme par exemple à la figure 3 :

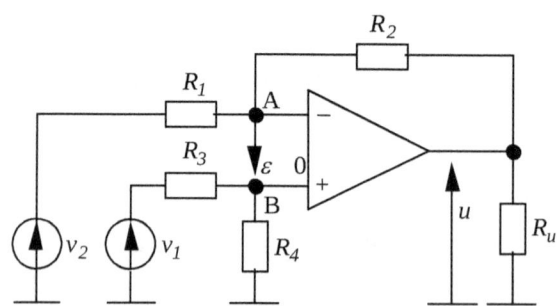

Fig. 3 Soustracteur (amplificateur différentiel) à amplificateur opérationnel

Si l'amplificateur opérationnel est idéal, ses courants d'entrée sont nuls, ainsi que la tension ε. Le potentiel de l'entrée inverseuse peut être obtenu à l'aide de la loi de Kirchhoff ou du théorème de superposition (voir l'Annexe A):

$$v_A = v_2 \frac{R_2}{R_1 + R_2} + u \frac{R_1}{R_1 + R_2}.$$

Le potentiel de l'entrée non inverseuse est $v_B = v_1 \frac{R_4}{R_3 + R_4}$.

Comme $\varepsilon = 0$, $v_A = v_B$, d'où on trouve :

$$u = \frac{R_4}{R_3 + R_4} \times \frac{R_1 + R_2}{R_1} v_1 - \frac{R_2}{R_1} v_2.$$

Pour que la tension de sortie soit proportionnelle à la différence des tensions d'entrée v_1 et v_2, il faut que les coefficients devant v_1 et v_2 soient égaux. Alors

$$\frac{R_1}{R_2} = \frac{R_3}{R_4}, \qquad (4)$$

$$u = \frac{R_2}{R_1}(v_1 - v_2) = \frac{R_2}{R_1} v_d. \qquad (5)$$

Ce montage est bien un amplificateur de la différence des tensions d'entrée d'une amplification $A_v = \dfrac{u}{v_d} = \dfrac{R_2}{R_1}$, à condition que la proportion 4 soit respectée. Pour qu'il en soit ainsi, on met des résistances d'une tolérance de ± 1 % ou moins, ou bien on règle l'une d'elles (R_4 le plus souvent, parce qu'elle est liée à la masse).

Quand $R_1 = R_2$, $u = v_1 - v_2$ et le montage est un soustracteur. Certains constructeurs le produisent sous forme d'un circuit intégré où les quatre résistances de valeurs égales sont réalisées en couche mince métallique par évaporation et sublimation d'un alliage à vide, suivies d'un ajustage par faisceau laser. C'est le cas du circuit INA105 de *Burr-Brown* par exemple :

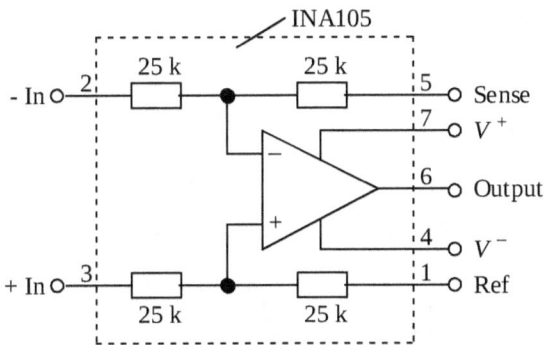

Fig. 4 Schéma de principe du soustracteur (amplificateur différentiel à amplification unité) INA105

Il existe aussi une version (INA106) d'une amplification $A_v = 10$.

Comme $\varepsilon = 0$, la tension différentielle v_d est pratiquement appliquée sur les résistances R_1 et R_3 branchées en série. *La résistance différentielle d'entrée* est donc égale à $R_1 + R_3$. Les résistances d'entrée vues par v_1 (quand $v_2 = 0$) et par v_2 (quand $v_1 = 0$) sont respectivement égales à $R_3 + R_4$ et à R_1. L'un des défauts de ce montage est que ces résistances ne sont pas très grandes. Un autre défaut est que son amplification ne peut être réglée d'une façon simple à cause de la nécessité de respecter en même temps la proportion 4.

Le taux de rejet des signaux de mode commun du montage est égal à celui de l'amplificateur opérationnel, à condition que la proportion 4 soit bien respectée.

2.2 Exercices résolus

2.2.1 Amplificateur différentiel à un amplificateur opérationnel

Soit l'amplificateur différentiel de la figure 3. Calculer les tensions de mode commun d'entrée v_{MC} et de sortie u_{MC}, les tensions différentielles d'entrée v_d et de sortie u_d et la tension de sortie entière u, si $v_1 = 2{,}505$ V, $v_2 = 2{,}495$ V, $R_1 = R_3 = 10$ kΩ, $R_2 = R_4 = 200$ kΩ et le taux de rejet des signaux de mode commun de l'amplificateur opérationnel est de 90 dB.

<u>Solution</u>

La tension de mode commun d'entrée $v_{MC} = \dfrac{v_1 + v_2}{2} = 2{,}5$ V.

La tension différentielle d'entrée $v_d = v_1 - v_2 = 0{,}01$ V.

L'amplification différentielle $A_v = \dfrac{R_2}{R_1} = \dfrac{200}{10} = 20$ (voir (5)) car la proportion 4 est respectée. La tension différentielle de sortie sera alors $u_d = A_v v_d = 20 \times 0{,}01 = 0{,}2$ V.

Si la proportion 4 est bien respectée, le TRMC du montage est égal à celui de l'amplificateur opérationnel.

Le taux de rejet des signaux de mode commun en décibels TRMC(dB) = 20 logTRMC, d'où $TRMC = 10^{\frac{TRMC(dB)}{20}} = 10^{\frac{90}{20}} = 31\,622$.

L'amplification de mode commun $A_{MC} = \dfrac{A_v}{TRMC} = \dfrac{20}{31\,622} = 0{,}000\,63$.

La tension de mode commun de sortie $u_{MC} = A_{MC} v_{MC} = 0{,}000\,63 \times 2{,}5 = 0{,}001\,57$ V.

La tension de sortie $u = u_d + u_{MC} = 0{,}2 + 0{,}001\,57 = 0{,}201\,57$ V. La composante de mode commun, qui ne porte pas d'information utile, ne représente que $\dfrac{0{,}001\,57}{0{,}2} \times 100 = 0{,}78$ % de la tension différentielle, tandis qu'à l'entrée leur rapport était égal à 250 (25 000 %).

2.2.2 Soustracteur-additionneur

Le circuit suivant peut être utilisé pour réaliser l'équation :
$u = v_3 - v_1 - v_2$.
En trouver les conditions.

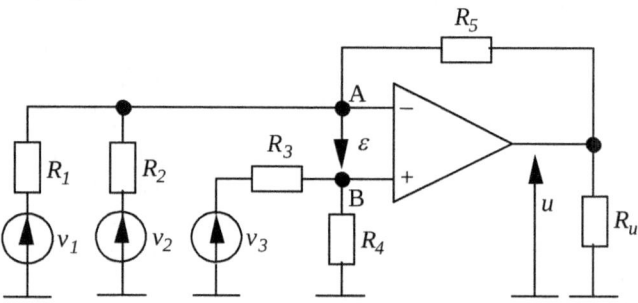

Solution

Si l'amplificateur opérationnel est idéal, ses courants d'entrée sont nuls et le potentiel v_A de l'entrée inverseuse est égal au potentiel v_B de l'entrée non inverseuse. D'après la loi de Kirchhoff (voir l'Annexe A)

$$\dfrac{v_A - v_1}{R_1} + \dfrac{v_A - v_2}{R_2} + \dfrac{v_A - u}{R_5} = 0,\text{ d'où}$$

$$v_A = (R_1 \parallel R_2 \parallel R_5)\left(\dfrac{v_1}{R_1} + \dfrac{v_2}{R_2} + \dfrac{u}{R_5}\right) = v_B = \dfrac{R_4}{R_3 + R_4} v_3 \text{ et}$$

$$u = \dfrac{R_4}{R_3 + R_4} \times \dfrac{R_5}{R_1 \parallel R_2 \parallel R_5} v_3 - \dfrac{R_5}{R_1} v_1 - \dfrac{R_5}{R_2} v_2.$$

Pour que $u = v_3 - v_1 - v_2$, il faut choisir $R_1 = R_2 = R_5$ et $R_3 = 2R_4$.

2.2.3 Pont de Wheatstone à sortie non symétrique

Le montage suivant fusionne un pont de Wheatstone et un amplificateur d'instrumentation. La tension de référence V_r est une source de tension continue stabilisée, par exemple l'une des tensions d'alimentation de l'amplificateur opérationnel. La résistance R est celle d'un capteur ; elle dépend d'une quantité physique x (température, pression, humidité...) d'une façon linéaire.

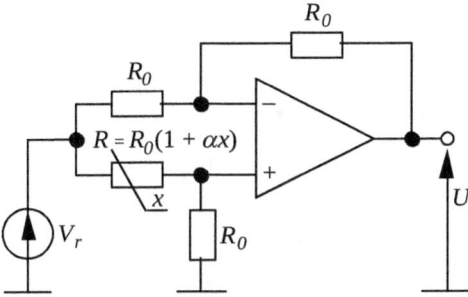

En supposant que l'amplificateur opérationnel soit parfait, exprimer la tension de sortie U en fonction de V_r et de αx ; sous quelles conditions $U = bx$ avec b - une constante positive?

<u>Solution</u>

Si l'amplificateur opérationnel est parfait, les potentiels de ses deux entrées sont égaux :

$$V_r \frac{R_0}{R_0 + R_0} + U \frac{R_0}{R_0 + R_0} = V_r \frac{R_0}{R_0(1+\alpha x) + R_0} \text{, d'où}$$

$$U = -V_r \frac{\alpha x}{2 + \alpha x}.$$

Si $\alpha x \ll 2$, $U \approx -\frac{V_r}{2}\alpha x = bx$ et le coefficient b sera positif quand $\alpha > 0$ et $V_r < 0$, ou quand $\alpha < 0$ et $V_r > 0$.

Si, par exemple, le capteur est une jauge de contrainte avec $R = R_0(1 + KM)$ où $K = 0{,}005$ kg^{-1} et $M = 100$ g, et la tension de référence $V_r = -5$ V, on aura $\alpha x = KM = 0{,}005 \times 0{,}1 = 0{,}000\,5$ et

$$U = -V_r \frac{\alpha x}{2 + \alpha x} \approx -\frac{V_r}{2}\alpha x = \frac{5}{2} \times 0{,}000\,5 = 1{,}25 \text{ mV}.$$

Le rôle de l'amplificateur opérationnel dans ce montage n'est pas d'amplifier le signal différentiel qui est le même que celui d'un pont de Wheatstone simple, mais de convertir ce signal symétrique en un signal non symétrique en atténuant le signal de mode commun qui l'accompagne. Une amplification supplémentaire s'avère souvent nécessaire, ce qui réduit son utilité.

2.2.4 Amplificateur d'instrumentation à trois amplificateurs opérationnels

C'est un amplificateur à deux étages. Le premier étage est un amplificateur différentiel à sortie symétrique ; il est constitué de deux montages non inverseurs autour des amplificateurs opérationnels A1 et A2. Le deuxième étage est celui de la figure 3. Le rôle du premier étage est d'élever la résistance différentielle d'entrée et le taux de rejet des signaux de mode commun, ainsi que de permettre un réglage simple de l'amplification.

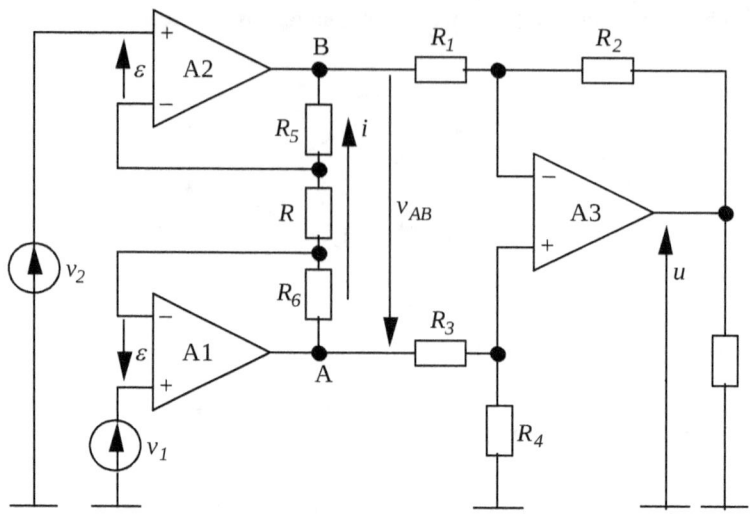

Fig. 5 Amplificateur d'instrumentation à trois amplificateurs opérationnels

En considérant les amplificateurs opérationnels comme idéaux :
a) trouver l'amplification $A_v = \dfrac{u}{v_1 - v_2}$;
b) estimer la résistance d'entrée différentielle et la résistance de sortie vue par la charge R_u ;
c) trouver le taux de rejet des signaux de mode commun et les conditions pour qu'il soit maximal ;
d) proposer une manière simple pour régler l'amplification.

<u>Solution</u>

a) Les courants d'entrée et la tension différentielle d'entrée ε d'un amplificateur opérationnel idéal sont nuls. Par conséquent, les potentiels v_1 et v_2 apparaissent aux bornes de la résistance R laquelle est traversée par le courant $i = \dfrac{v_1 - v_2}{R}$. Ce dernier passe également par R_5 et R_6 et crée une tension $v_{AB} = i(R + R_5 + R_6) = (v_1 - v_2)(1 + \dfrac{R_5 + R_6}{R})$. La tension v_{AB} est amplifiée par le deuxième étage $\dfrac{R_2}{R_1}$ fois à condition que la proportion $\dfrac{R_1}{R_2} = \dfrac{R_3}{R_4}$ soit respectée (voir (4) et (5)). L'amplification du montage sera alors $A_v = (1 + \dfrac{R_5 + R_6}{R})\dfrac{R_2}{R_1}$, à condition que la proportion 4 soit respectée.

b) Le milieu de la résistance R est une masse virtuelle par rapport au signal, car il se trouve sur l'axe de symétrie de l'étage d'entrée. Les amplificateurs A1 et A2 sont branchés en montages non inverseurs (voir l'Annexe B) avec $Z_1 = \dfrac{R}{2}$ et $Z_2 = R_5$ ou R_6. Les résistances d'entrée vues par les sources de signal v_1 et v_2 sont donc énormes. La résistance différentielle d'entrée est égale à la somme des deux ; elle est pratiquement infiniment grande.
La résistance de sortie vue par la charge R_u est celle du deuxième étage ; elle est presque nulle.

c) Le taux de rejet des signaux de mode commun est égal au produit des taux des deux étages :
$TRMC = \dfrac{A_v}{A_{MC}} = \dfrac{A_{v1}A_{v2}}{A_{MC1}A_{MC2}} = TRMC_1 \times TRMC_2$.

Il a été dit que le $TRMC_2$ est maximal et égal au $TRMC_A$ de l'amplificateur opérationnel A3 quand la proportion 4 est bien respectée ; il ne dépend donc pas de l'amplification différentielle A_{v2}. Le $TRMC_1$

est par contre maximal quand A_{v1} est maximal. Pour obtenir un *TRMC* maximal, il est recommandé de choisir $A_{v2} = \dfrac{R_2}{R_1} = 1$ et $A_{v1} = A_v$. Quant à l'amplification des signaux de mode commun du premier étage A_{MC1}, elle est égale à l'unité. En effet, si l'on ajoute une composante de mode commun v_{MC} aux deux tensions d'entrée v_1 et v_2, les potentiels aux bornes de la résistance R vont augmenter de v_{MC}, le courant i va rester le même et les potentiels des sorties A et B du premier étage vont augmenter de v_{MC} aussi, ce qui donne $A_{MC1} = 1$. Il suit :

$TRMC = A_v TRMC_A$.

Ce taux est A_v fois plus grand que le taux du montage à un amplificateur opérationnel (fig. 3). En réalité, il est un peu moins grand car le premier étage n'est pas complètement symétrique et la tension différentielle $v_1 - v_2$ provoque l'apparition d'une composante de mode commun supplémentaire aux sorties du premier étage qui s'ajoute à v_{MC}. Pour que cette composante soit réduite au minimum, on choisit $R_5 = R_6$ et A1 et A2 identiques (un double amplificateur opérationnel par exemple).

d) Ce montage offre la possibilité de régler, ajuster ou choisir l'amplification A_v à l'aide de la résistance R, ce qui est très simple.

Remarque. Il existe des réalisations de l'amplificateur d'instrumentation de la figure 5 sous forme d'un circuit intégré. En voici, à titre d'exemple, le schéma de principe de l'amplificateur INA101 de *Burr-Brown* :

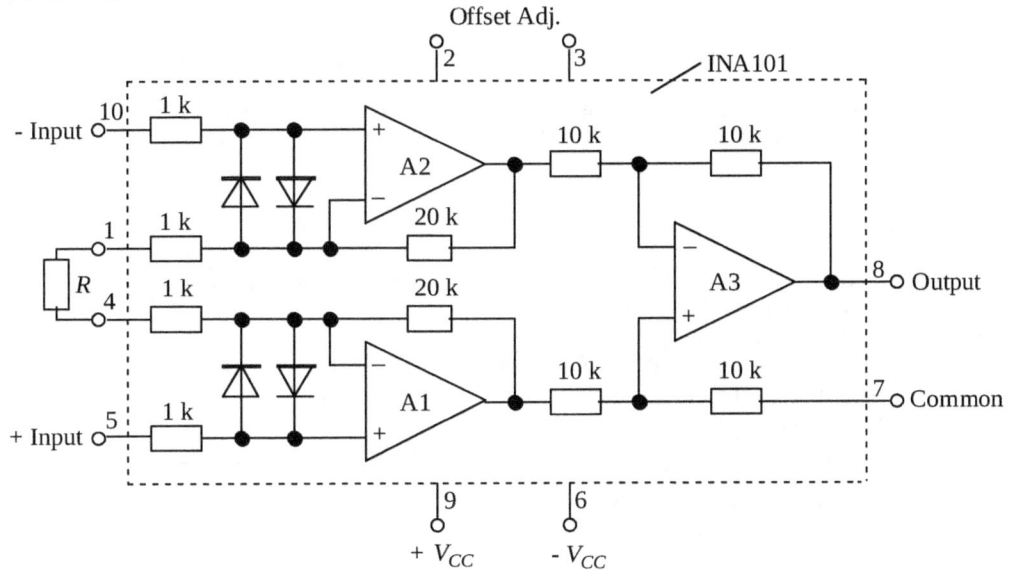

On voit bien que les quatre résistances du deuxième étage sont pareilles, afin d'obtenir un *TRMC* maximal et de respecter la proportion 4 ; les résistances sont ajustées à l'aide d'un faisceau laser. Chacune des entrées est protégée contre surtensions par deux diodes branchées tête-bêche, et les diodes sont protégées contre des courants excessifs par les résistances de 1 kΩ. La résistance R qui détermine le gain est discrète (non intégrée) ; elle est choisie et montée par l'utilisateur. Cela pourrait être un potentiomètre. Les broches Offset Adj sont utilisées pour brancher un potentiomètre de 100 kΩ avec curseur à $+V_{CC}$ afin d'annuler la tension de décalage de sortie.(Comment procède-t-on?)
Quelle doit être la valeur de R pour que $A_v = 50$? (Tenir compte de la résistance de protection.)

2.3 Exercices à résoudre

2.3.1
Donner la condition pour que le circuit de la figure 3 soit linéaire.

2.3.2
Dans le circuit de la figure 3, on règle la résistance R_4 pour bien respecter la proportion 4. Décrire les appareils à utiliser et la procédure à suivre pour effectuer ce réglage.

2.3.3
Soit le montage :

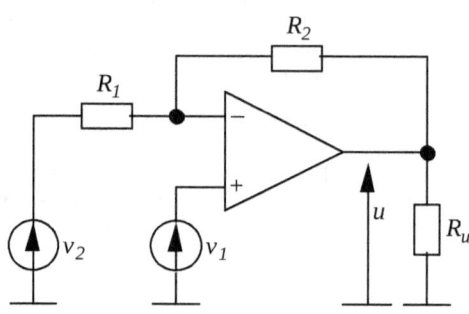

En considérant l'amplificateur opérationnel comme idéal, trouver u en fonction de v_1 et v_2 et écrire la condition pour que ce soit un amplificateur différentiel. Quel sera son amplification?

<u>Réponse</u> : $A_v = \dfrac{u}{v_1 - v_2} = 2$ si $R_1 = R_2$.

2.3.4
Soit le circuit intégré INA105 (fig. 4). Connecter les broches de façon à obtenir :
a) un amplificateur inverseur d'une amplification $A_v = -1$;
b) un montage suiveur (tampon) ;
c) un amplificateur non inverseur d'une amplification $A_v = 2$ précise ;
d) un atténuateur réduisant deux fois la valeur instantanée du signal ;
e) un additionneur qui donne en sortie la somme $v_1 + v_2$ des deux tensions d'entrée ;
f) un additionneur qui donne en sortie la valeur moyenne $\dfrac{v_1 + v_2}{2}$ des deux tensions d'entrée.

<u>Indice</u> Voir l'Annexe B et le chapitre 1

2.3.5
Proposer un soustracteur-additionneur qui réalise l'équation :
a) $u = v_1 + v_2 - v_3$;
b) $u = v_1 + v_2 - v_3 - v_4$;
c) $u = 2v_3 - v_1 - 0{,}5v_2$.

2.3.6
Le montage suivant est un pont de Wheatstone à sortie non symétrique. La résistance R est celle d'un capteur ; elle dépend de la quantité physique x d'une façon linéaire.
En supposant que l'amplificateur opérationnel soit parfait, exprimer la tension de sortie U en fonction de la tension de référence V_r et de αx ; sous quelles conditions $U = bx$ avec b - une constante positive? Comment réaliser la source de tension V_r?

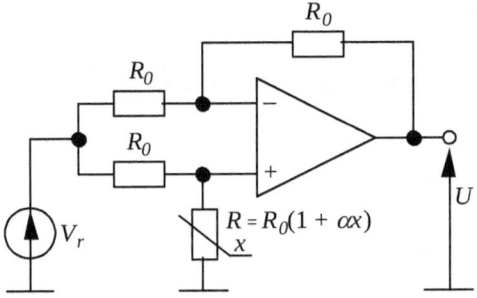

2.3.7 Amplificateur différentiel à deux amplificateurs opérationnels
Soit le montage suivant :

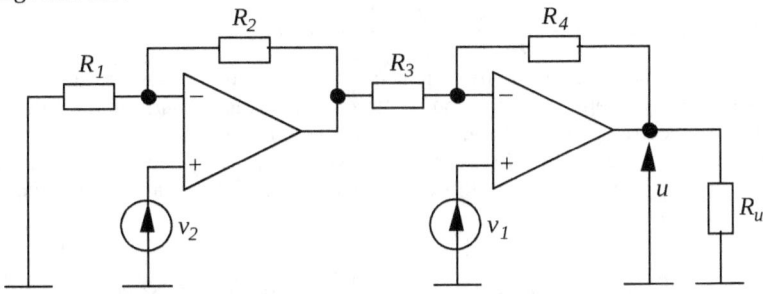

En considérant les amplificateurs opérationnels comme idéaux, prouver que son amplification différentielle $A_v = \dfrac{u}{v_1 - v_2} = 1 + \dfrac{R_1}{R_2}$ à condition que $\dfrac{R_1}{R_2} = \dfrac{R_4}{R_3}$.

Estimer les valeurs de la résistance différentielle d'entrée et de la résistance de sortie vue par la charge R_u. Peut-on régler A_v d'une façon simple? Comparer au montage à un amplificateur opérationnel (fig. 3).

2.3.8
Comparer les amplificateurs d'instrumentation à deux et à trois amplificateurs opérationnels.

2.3.9 Convertisseur de l'entrée non symétrique d'un appareil de mesure en entrée symétrique
Proposer un circuit qui, branché à l'entrée (non symétrique) de l'oscilloscope, permet la visualisation de tensions "symétriques" (non liées à la masse).

2.3.10
Refaire les calculs de l'exercice 2.2.1 avec $v_1 = 2,500\ 5$ V et $v_2 = 2,499\ 5$ V pour l'amplificateur de la figure 3, puis pour celui de la figure 5, si pour ce dernier $R_1 = R_2 = R_3 = R_4$, $A_v = 20$ et le *TRMC* de l'amplificateur opérationnel A3 est égal à 90 dB. Comparer les résultats.

3 MULTIPLICATION

3.1 Multiplicateurs

Le multiplicateur analogique est un circuit dont la tension de sortie u est proportionnelle au produit des tensions d'entrée v_x et v_y :

La constante de proportionnalité k se mesure en V^{-1}. Le circuit est non linéaire, car la fonction multiplication est non linéaire. Si, par exemple, $v_x = v_y = V_m \cos\omega t$,

$$u = kV_m^2 \cos^2\omega t = kV_m^2 \frac{1+\cos 2\omega t}{2} = \frac{kV_m^2}{2} + \frac{kV_m^2}{2}\cos 2\omega t.$$

La tension de sortie a une composante continue et une composante dont la fréquence est deux fois plus grande que celle de la tension d'entrée. L'apparition d'harmoniques dont la fréquence n'existe pas dans le spectre du signal d'entrée est signe de non linéarité.

Suivi d'un filtre passe-haut (le circuit *C-R*, voir l'Annexe C) qui supprime la composante continue de la tension de sortie, le multiplicateur peut donc réaliser la fonction *duplication de la fréquence* :

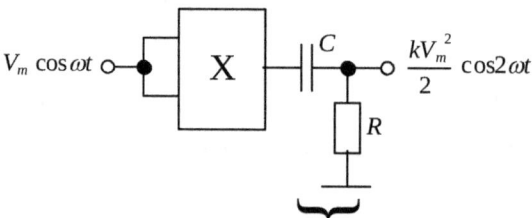

Filtre passe-haut

Prenons encore quelques exemples d'application des multiplicateurs.

♦ Amplificateur à gain commandé par tension

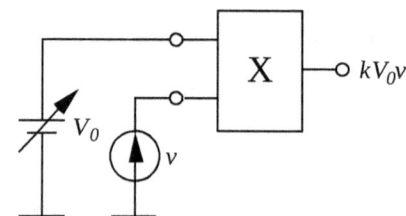

Le signal est une tension alternative v. La tension continue V_0 peut être obtenue de la tension d'alimentation à l'aide d'un potentiomètre ; elle peut être confectionnée par une télécommande, un ordinateur ou un circuit de contrôle automatique de gain (CAG). Il est évident que les résistances d'entrée du multiplicateur doivent être grandes, sa résistance de sortie petite et sa bande passante plus large que le spectre significatif de la tension v. Il faut aussi que les amplitudes des tensions d'entrée et de sortie ne dépassent pas les valeurs à partir desquelles la formule $u = kv_xv_y$ n'est plus vraie. Ce montage est linéaire, parce qu'il ne change pas le spectre du signal.

Si la tension v est rectangulaire, ce montage permet *le réglage ou la commande de la valeur crête-à-crête*.

Dans les deux cas, le multiplicateur joue aussi le rôle de tampon (adaptateur d'impédances).

♦ **Phasemètre**

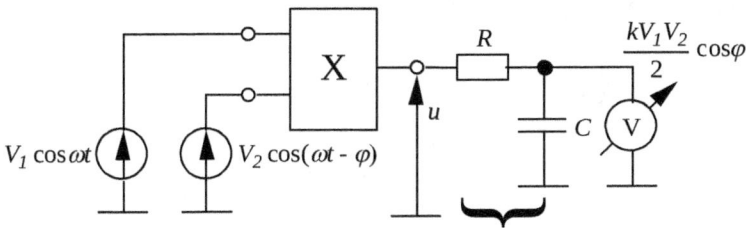

Filtre passe-bas

La tension $u = kV_1V_2 \cos\omega t \cos(\omega t - \varphi) = \dfrac{kV_1V_2}{2}\cos\varphi + \dfrac{kV_1V_2}{2}\cos(2\omega t - \varphi)$. Sa composante alternative est supprimée par le filtre passe-bas (le circuit R-C, voir l'Annexe C) et sa composante continue est mesurée par un voltmètre CC gradué en degrés ou en radians. Inconvénients: il faut connaître V_1 et V_2 ; la graduation du voltmètre n'est pas linéaire ; l'appareil ne reconnaît pas le signe de φ. La tension mesurée est positive pour $\varphi = 0$ à $\pm 90°$ et négative pour $\varphi = 90°$ à $180°$ ou $\varphi = -90°$ à $-180°$.

♦ **Modulation d'amplitude**

On applique à l'une des entrées du multiplicateur la tension porteuse $V_0 \cos\omega t$ qui est purement sinusoïdale et à l'autre entrée - le signal basse fréquence v dont le spectre peut comporter plusieurs harmoniques, par exemple deux: $v = V_1\cos\Omega_1 t + V_2\cos\Omega_2 t$ avec $\Omega_1 \ll \omega$ et $\Omega_2 \ll \omega$. On a alors :

$u = kV_0\cos\omega t\,(V_1\cos\Omega_1 t + V_2\cos\Omega_2 t) = $
$\dfrac{kV_0}{2}\left[V_1\cos(\omega - \Omega_1)t + V_1\cos(\omega + \Omega_1)t + V_2\cos(\omega - \Omega_2)t + V_2\cos(\omega + \Omega_2)t\right]$.

Le spectre de la tension modulée est :

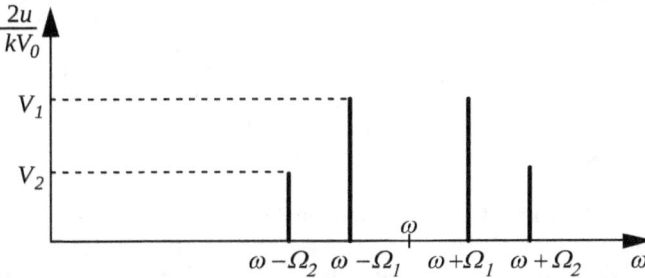

S'il y a d'autres harmoniques (Ω_3, Ω_4, etc.), ils seront représentés par les fréquences $\omega \pm \Omega_3$, $\omega \pm \Omega_4$, etc. La bande de fréquences occupée par la tension modulée comporte deux bandes latérales symétriques par rapport à la fréquence porteuse ; sa largeur est deux fois plus grande que la largeur du spectre du signal. Si par exemple $f = \dfrac{\omega}{2\pi} = 1$ MHz (un émetteur en ondes moyennes) et $F_{max} = \dfrac{\Omega_{max}}{2\pi} = 4{,}5$ kHz, la bande occupée sera de 995,5 à 1 004,5 kHz. Pour éviter le chevauchement, la fréquence porteuse de l'émetteur voisin couvrant la même zone géographique doit être éloignée de 9 kHz ($2F_{max}$) au moins. C'est la raison pour laquelle les normes internationales interdisent les fréquences F_{max} supérieures à 4,5 kHz pour ces émetteurs de radiodiffusion. Ce n'est pas de Hi-Fi!

Le spectre du signal modulé ne comporte pas la fréquence porteuse. On appelle une telle modulation *équilibrée*. La détection d'un signal issu d'une modulation équilibrée dans le récepteur est difficile. Le détecteur devient très simple, quand la fréquence porteuse est présente. Une façon de le faire est d'additionner la tension porteuse à *u*: :

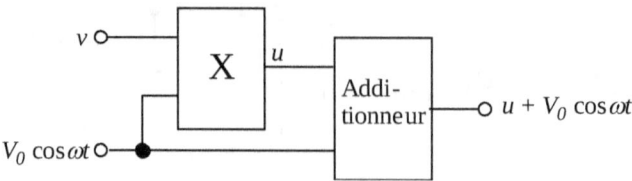

On peut réaliser la fonction addition à l'aide d'un amplificateur opérationnel (voir le chapitre 1). Le circuit intégré AD633 du constructeur *Analog Devices* comporte le multiplicateur et l'additionneur dans le même boîtier de 8 broches. Les entrées du multiplicateur sont différentielles et l'une des entrées de l'additionneur est accessible, ce qui permet aussi la réalisation de quelques autres fonctions.

Plus universel est le circuit intégré AD534 du même et d'autres constructeurs qui comporte dans un boîtier de 14 broches un multiplicateur à entrées différentielles, un soustracteur et un amplificateur opérationnel:

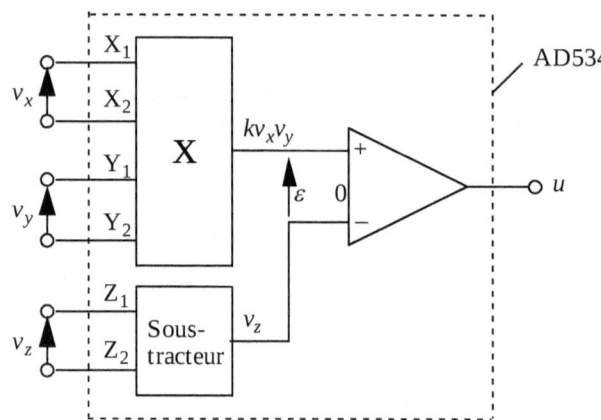

Le circuit est alimenté normalement par deux sources de tension symétriques de ± 15 V. Les tensions différentielles ou de mode commun à toutes les entrées, y compris les entrées de l'amplificateur opérationnel, pourraient atteindre ± 10 V, la tension de sortie aussi. Pour cette raison, le coefficient de proportionnalité $k = 0{,}1$. On peut utiliser des tensions d'alimentation de ± 8 à ± 18 V, mais quand elles sont inférieures à 15 V, les tensions d'entrée et de sortie doivent être inférieures à 10 V. Le circuit est protégé contre court-circuit en sortie. Le courant de sortie maximal est de 30 mA. La bande passante est de 3 MHz et le *slew rate*, de 20 V/μs. Les résistances différentielles d'entrée sont de 10 MΩ et la résistance de sortie, de 0,1 Ω.

Comme le gain de l'amplificateur opérationnel est très grand (> 70 dB), la tension entre ses entrées $\varepsilon \approx 0$ et donc $v_z = kv_xv_y$. Si l'on lie la broche Z_1 à la sortie *u* et les broches X_2, Y_2 et Z_2 à la masse, on obtient $u = v_z = kv_xv_y$, c'est-à-dire une multiplication. Elle est de type "quatre quadrants" car les valeurs instantanées des tensions v_x et v_y peuvent avoir des amplitudes et des phases différentes et le résultat de leur multiplication peut se trouver dans n'importe quel des quadrants du système de coordonnées *x-y*.

Pour réaliser un *modulateur d'amplitude* "normal" (avec la fréquence porteuse dans le spectre du signal modulé), il suffit de lier la broche Z_2 dans le montage précédent non pas à la masse, mais à la broche (X_1 ou Y_1) à laquelle est appliquée la tension porteuse $V_0 \cos \omega t$. On aura alors $u = kv_xv_y - V_0\cos\omega t$; le déphasage de 180° n'a pas d'importance.

♦ **Diviseur analogique**

Comme $v_x = v_1$, $v_y = -u$, $v_z = -v_2$ et $v_z = kv_xv_y$, on trouve facilement que $u = \dfrac{v_1}{kv_2}$. On peut ajouter à cette tension un signal quelconque v_3 en l'appliquant à la broche Z_1 au lieu de la lier à la masse.

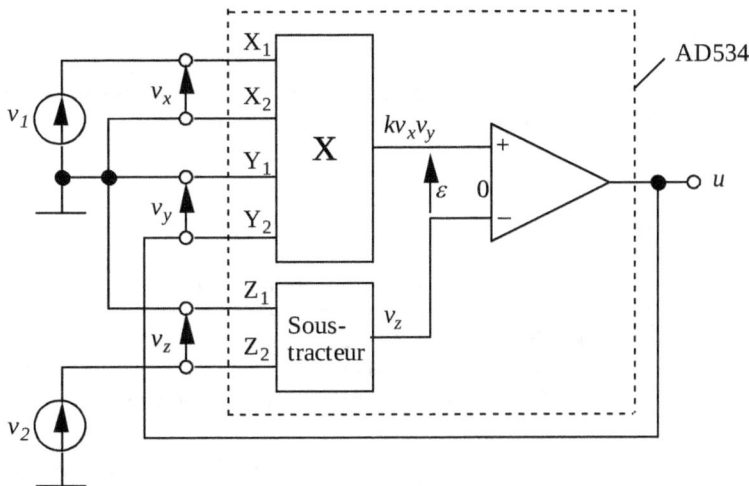

Les tensions d'entrée du multiplicateur et du diviseur précédents peuvent être symétriques (non liées à la masse) ; il suffit de ne pas lier à la masse les broches X_2 et Y_2 pour le multiplicateur ou les broches X_2 et Z_1 pour le diviseur.

Dans les exercices qui suivent, vous allez découvrir quelques autres applications intéressantes de ce montage et des multiplicateurs analogiques en général.

3.2 Exercice résolu

3.2.1 Extraction de racine carrée

Soit le circuit:

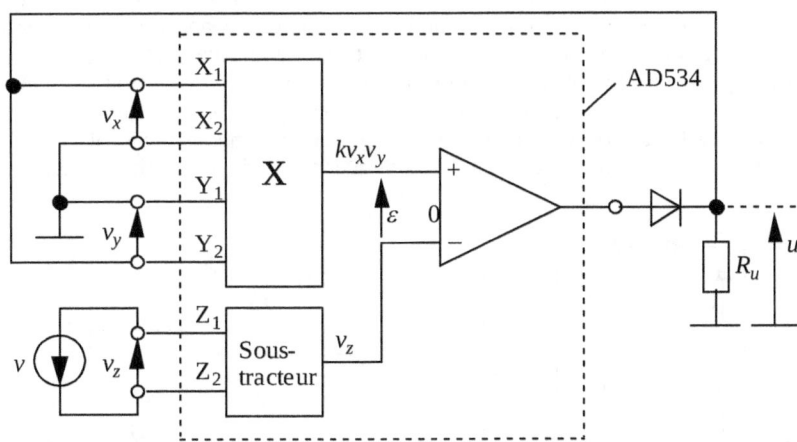

a) Trouver la tension de sortie u en fonction de la tension d'entrée v si v est positive, puis négative. Quel est le signe de u? Quel est le rôle de la diode? Le montage, peut-il fonctionner à vide (avec $R_u \to \infty$)? La tension d'entrée, peut-elle être non symétrique (liée à la masse)?

b) Comment obtenir une tension de sortie négative?

c) Modifier le montage pour qu'il puisse opérer avec une tension d'entrée négative.

Solution

a) Si $v > 0$, $v_z = -v < 0$. Supposons que la diode soit bloquée. On aura donc $u = 0$, $v_x = -v_y = u = 0$ et $kv_xv_y = 0$. La tension en sortie de l'amplificateur opérationnel deviendra positive, la diode passante, la tension u positive et kv_xv_y négative, ce qui empêchera l'amplificateur opérationnel de se saturer. Il va donc fonctionner en régime linéaire où $\varepsilon \approx 0$ et $v_z = kv_xv_y$. Comme $v_z = -v$, $v_x = u$ et $v_y = -u$, on obtient $u = \sqrt{\dfrac{v}{k}}$.

Si $v < 0$, $v_z = -v > 0$, la tension de sortie de l'amplificateur opérationnel sera négative et la diode sera bloquée. Par conséquent, $u = 0$.

Ce circuit est donc un extracteur de racine carrée des tensions d'entrée v positives. La tension de sortie u est positive. Si la tension d'entrée est négative, $u = 0$. Le rôle de la diode est d'empêcher l'apparition d'une tension u négative quand $v < 0$. La résistance de charge R_u est nécessaire pour assurer un certain courant à travers la diode quand elle est passante. Sa valeur recommandée est de 10 kΩ. La tension d'entrée est différentielle (symétrique), mais la broche Z_1 pourrait être liée à la masse.

b) Si $v > 0$, pour obtenir sa racine carrée négative, il suffit d'inverser la diode et d'interchanger les entrées X_1 et X_2.

c) Pour obtenir la racine carrée d'une tension $v < 0$, il suffit d'interchanger les entrées Z_1 et Z_2. Si la tension v est non symétrique, c'est la broche Z_2 qui sera liée à la masse.

Conclusion. Le montage peut être modifié pour fonctionner dans n'importe quel des quatre quadrants, mais dans un seul d'eux

3.3 Exercices à résoudre

3.3.1 Wattmètre

Dans le circuit suivant, Z_L est la charge d'un circuit électrotechnique ou électronique dont la tension de sortie est v. On veut mesurer la puissance fournie par ce circuit et absorbée par la charge. Comme la puissance est égale au produit de la tension et du courant, l'idée est de convertir le courant traversant la charge en tension et de multiplier cette dernière avec la tension v. Pour convertir le courant en tension, on insert une petite résistance r (valeur typique entre 0,1 et 1 Ω) en série avec la charge de façon que la tension v_L sur la charge reste approximativement égale à v. La chute de tension sur r étant petite, on l'amplifie avant de l'appliquer à l'entrée du multiplicateur.

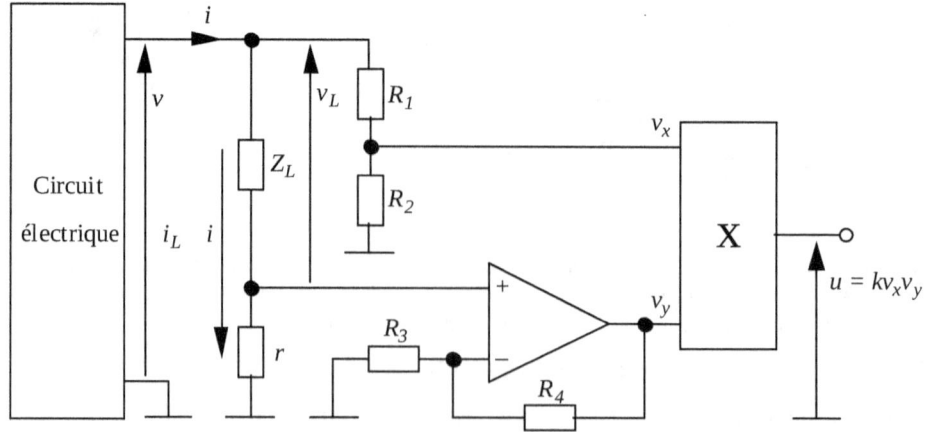

D'autre côté, la tension v laquelle dépasse souvent la valeur limite de la tension d'entrée du multiplicateur, est divisée par les résistances R_1 et R_2 avant d'être appliquée à l'entrée du multiplicateur. On choisit $R_1 + R_2 \gg Z_L$ pour qu'on puisse négliger le courant à travers R_1 et R_2, mais $R_1 \parallel R_2$ beaucoup plus petite de la résistance d'entrée du multiplicateur pour qu'il puisse être considéré comme idéal. Dans ces conditions, $v_L \approx v$ et le courant qui passe par la résistance r est à peu près égal à i.

a) Démontrer que la tension de sortie u du montage est proportionnelle à la puissance instantanée $p = ui$ fournie par le circuit électrique.

<u>Réponse</u> : $u = ap$ avec $a = kr \dfrac{R_2}{R_1 + R_2}(1 + \dfrac{R_4}{R_3})$.

b) La puissance absorbée par la charge Z_L, c'est la puissance active P_A, égale à la valeur moyenne de la puissance instantanée p. Quelle sera la tension U mesurée par un voltmètre CC en sortie du montage si

- $v = V_0$ et $i = \dfrac{V_0}{R_L}$ ($Z_L = R_L$ résistive) ;

<u>Réponse</u> : $U = a\dfrac{V_0^2}{R_L} = aP_A$.

- $v = V_m \sin\omega t$ et $i = I_m \sin(\omega t + \varphi)$;

<u>Réponse</u> : $U = a\dfrac{V_m I_m}{2}\cos\varphi = aP_A$.

- $v = V_1 \sin\omega_1 t + V_2 \sin(\omega_2 t + \theta)$ et $i = I_1 \sin(\omega_1 t + \varphi_1) + I_2 \sin(\omega_2 t + \theta + \varphi_2)$ avec $\omega_1 \neq \omega_2$; on suppose donc que Z_L est linéaire.

<u>Réponse</u> : $U = a(\dfrac{V_1 I_1}{2}\cos\varphi_1 + \dfrac{V_2 I_2}{2}\cos\varphi_2) = aP_A$.

c) Tracer les chronogrammes de v, i et p sur le même système de coordonnées si $v = V_M \sin\omega t$ et $i = I_m \sin(\omega t + \varphi)$.

d) On observe la tension u sur l'oscilloscope en DC et en AC. Quelle est la différence entre les deux images?

3.3.2 Convertisseur de la valeur efficace (RMS) d'une tension en valeur continue (DC)

La valeur efficace d'une tension périodique $u(t)$ est donnée par la formule 7: $U = \sqrt{\dfrac{1}{T}\int_0^T u^2(t)\, dt}$. C'est donc la racine carrée de la valeur moyenne M de la fonction $u^2(t)$: $U = \sqrt{M}$ avec $M = \dfrac{1}{T}\int_0^T u^2(t)\, dt$. La valeur moyenne peut être obtenue d'une façon simple à l'aide d'un filtre passe-bas.

Soit le circuit:

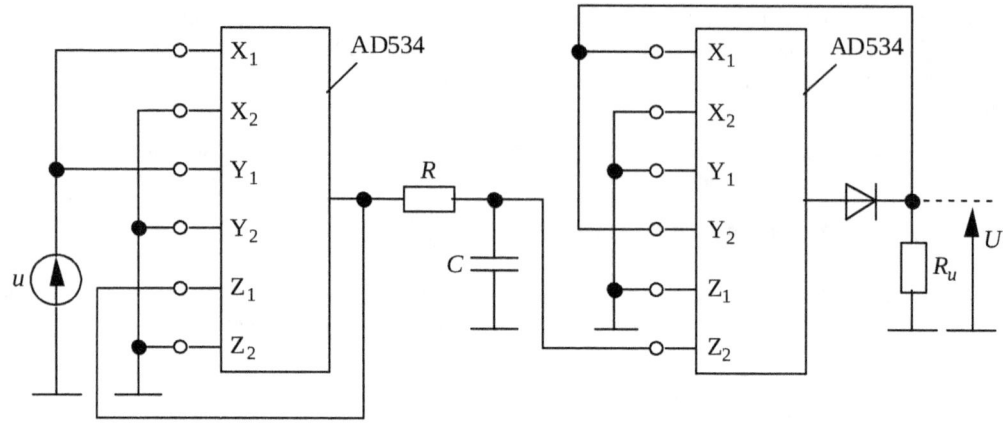

a) Prouver que sa tension de sortie est égale à la valeur efficace U de la tension d'entrée u, à condition que le filtre R-C enlève toutes les composantes alternatives du signal appliqué à son entrée.

b) Quelle doit être la fréquence de la tension u pour que l'amplitude de son premier harmonique soit atténuée au moins 50 fois par le filtre (voir l'Annexe C)? Conclure sur le domaine de fonctionnalité du montage.

Réponse : $f \geq 25 f_p$ avec $f_p = \dfrac{1}{2\pi RC}$.

3.3.3 Filtres commandés par tension
Pour les circuits suivants :

a) Prouver que la fonction de transfert $\underline{T} = \dfrac{\underline{U}}{\underline{V}} = \dfrac{1}{1+j\dfrac{f}{f_p}}$ avec $f_p = \dfrac{kV_0}{2\pi CR}$ commandée par la tension V_0. Tracer la caractéristique de transfert $T(f)$. De quel type de filtre s'agit-il?

b) Idem pour R et C interchangées.

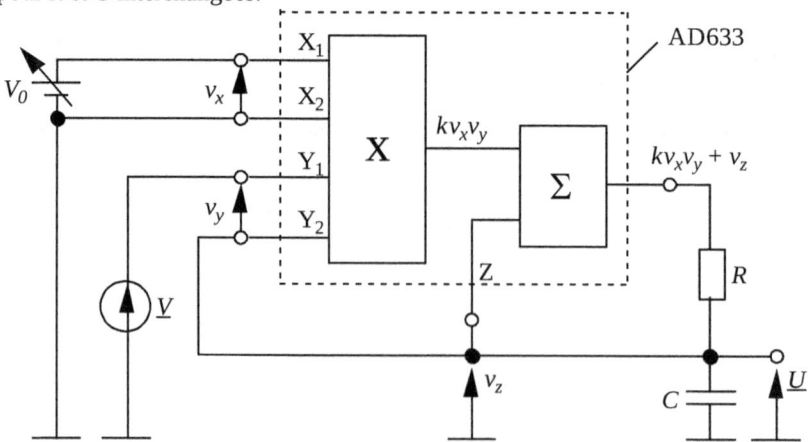

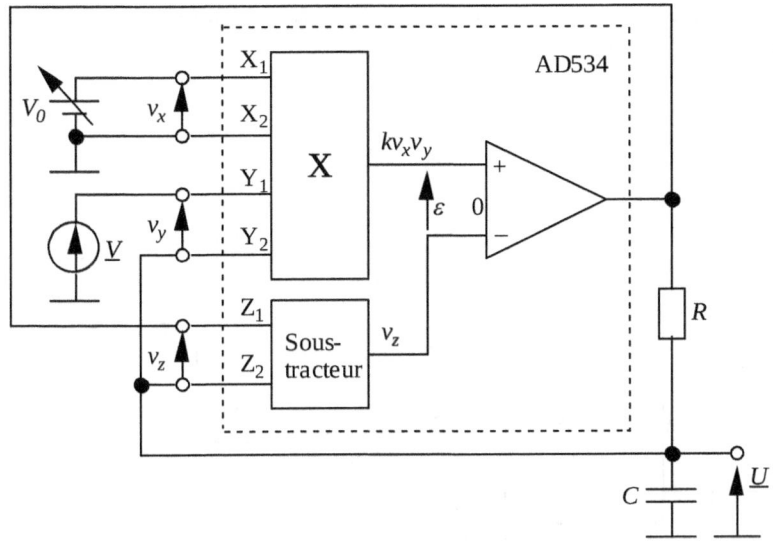

3.3.4 Linéarisation d'un pont de Wheatstone à l'aide du multiplicateur AD633

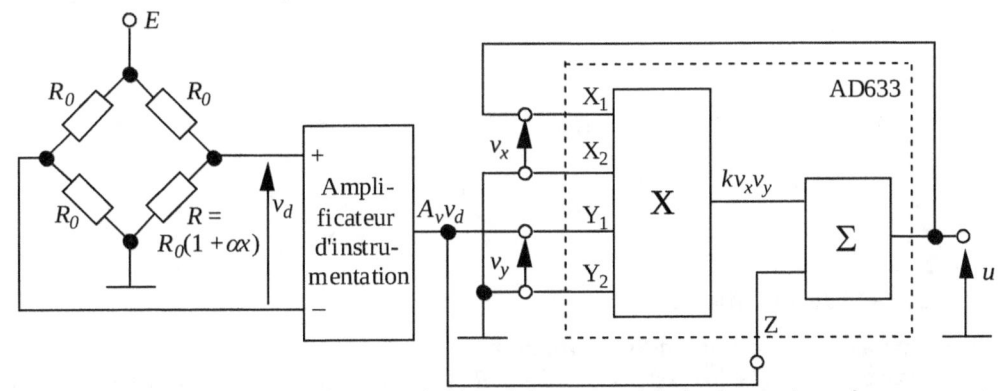

L'une des résistances du pont (le capteur) dépend d'une quantité physique x (température, pression, humidité...) d'une façon linéaire : $R = R_0(1 + \alpha x)$ avec α - une constante (la sensibilité du capteur). La tension différentielle v_d en sortie du pont est amplifiée A_v fois et convertie en tension non symétrique par un amplificateur d'instrumentation d'une grande résistance d'entrée (par exemple INA101 du constructeur *Burr Brown* - voir l'exercice 2.2.4).

a) Trouver la tension v_d et mettre en évidence qu'elle dépend de la quantité physique x d'une façon non linéaire.

Réponse : $v_d = \dfrac{E}{2} \times \dfrac{\alpha x}{2 + \alpha x}$.

b) Trouver la tension de sortie u et la condition à laquelle elle dépend de la quantité physique x d'une façon linéaire.

Réponse : $u = \dfrac{A_v E}{4} \alpha x$ si $\dfrac{k A_v E}{2} = 1$.

c) Quel doit être le gain A_v de l'amplificateur si $k = 0{,}1$ et $E = 5$ V, puis 10 V?

3.3.5 Linéarisation d'un pont de Wheatstone à l'aide du multiplicateur AD534

Reprendre l'exercice 3.3.4 avec le montage suivant. Comparer les deux montages.

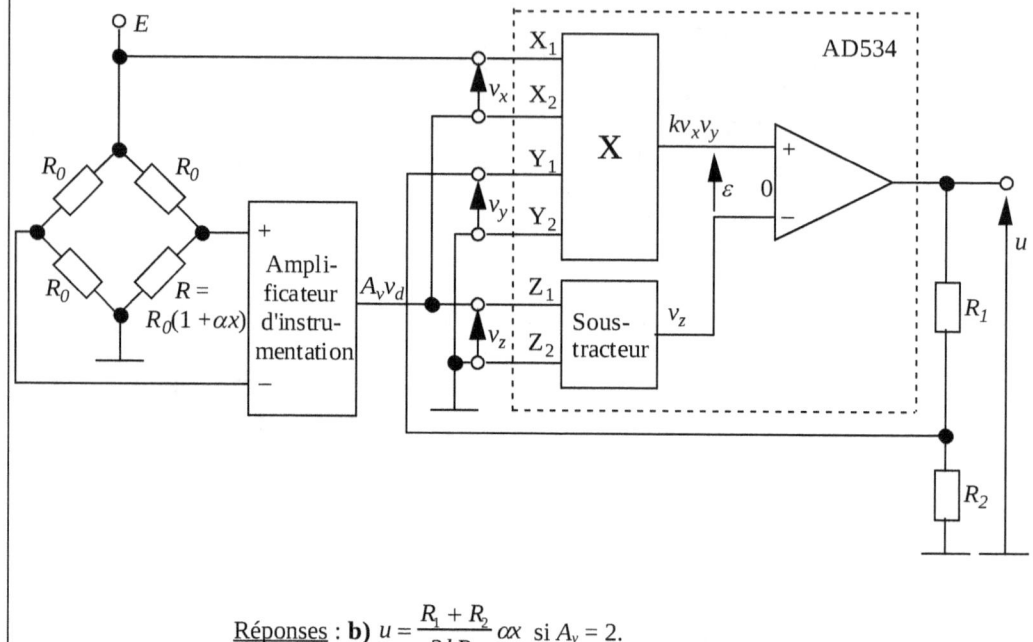

Réponses : **b)** $u = \dfrac{R_1 + R_2}{2kR_2}\alpha x$ si $A_v = 2$.

c) $A_v = 2$ dans les deux cas.

3.4 Travail pratique

3.4.1 Filtre passe-bas commandé par tension

Réaliser l'un des montages de l'exercice 3.3.3 avec $R = 1,6$ kΩ et $C = 1$ nF en ajoutant en sortie un montage tampon à l'amplificateur opérationnel 741 ou TL081. Les tensions d'alimentation seront de +15 et -15 volts fournies par l'alimentation stabilisée du laboratoire. La tension V_0 sera obtenue de l'alimentation positive E_1 à l'aide du diviseur suivant :

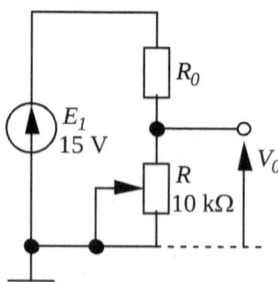

La tension $\underline{V}$ (sinusoïdale, d'une valeur efficace de 1 V par exemple) sera fournie par le générateur de signaux de laboratoire.

Mesurer les tensions V_0, V et celle à la sortie du montage tampon avec des voltmètres. Attention à la bande passante en AC!

Calculer la résistance R_0 de manière que V_0 ne dépasse pas les 10 V admises par les entrées du multiplicateur.

Régler la tension V_0 en lui donnant 5 à 10 valeurs discrètes bien réparties entre 0,1 et 10 V. A chaque valeur de V_0, chercher la fréquence de coupure f_p du filtre. Tracer la courbe $f_p(V_0)$ en échelle linéaire pour f_p et V_0. Conclure.

3.5 Petit projet
3.5.1 Voltmètre valeur efficace vraie

Objectif

Faire un voltmètre AC capable de mesurer la valeur efficace vraie de tensions sinusoïdales et non sinusoïdales, sans et avec composante continue.

Cahier des charges

(1) Calibre unique de 0 à 5 V.

(2) Valeurs crêtes de la tension mesurée entre - 5 et 5 V.

(3) Tensions d'alimentation ± 15 V.

Suggestion de réalisation et consignes

Le circuit suggéré convertit la tension mesurée v en une tension continue V égale à sa valeur efficace vraie. Après, la tension V est convertie en courant et mesurée par un milliampèremètre. Elle pourrait être mesurée également par un voltmètre CC quelconque ; dans ce cas, le calibrage se fait par réglage de la tension de décalage de l'amplificateur opérationnel de sortie en branchant un potentiomètre de 100 kΩ entre ses broches Offset Null avec le curseur à - 15 V.

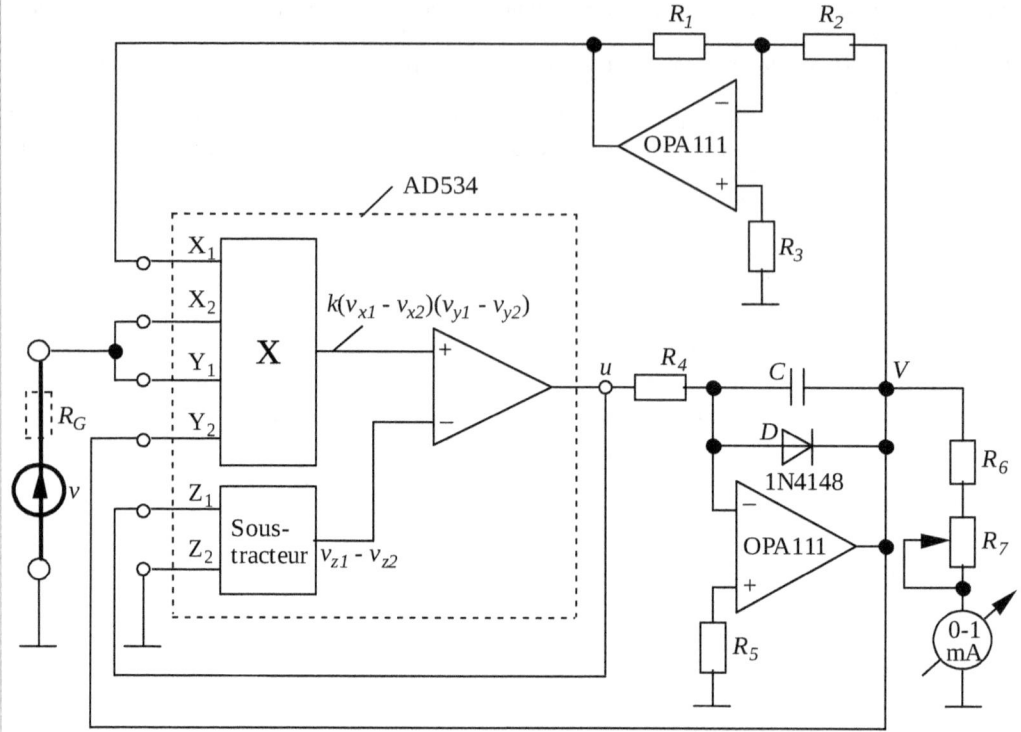

Les circuits intégrés type OPA111 du constructeur *Burr Brown* sont des amplificateurs opérationnels de précision ayant une tension de décalage d'entrée inférieure à 0,25 mV avec une dérive inférieure à 1 µV/K, un courant de polarisation d'entrée de 1 pA à $T = 300$ K et un faible niveau de bruit. Celui d'en haut fonctionne comme inverseur de la polarité de la tension V sans changer son amplitude. Celui de sortie est branché en intégrateur (voir le chapitre 5). La diode prévient sa saturation accidentelle si la tension à son entrée devient positive à cause des décalages dans le multiplicateur AD534 et dans lui-même.

Les amplificateurs et le multiplicateur doivent fonctionner en régime linéaire. A cette fin, la tension v doit rester dans les limites entre - 6 et 6 V pour que les tensions différentielles à toutes les entrées ne dépassent pas ± 12 V (valeur du catalogue). La résistance interne R_G de la source de tension v (montrée en pointillé) peut être assez grande et tout à fait négligeable à cause de la grande résistance d'entrée (10 MΩ) du multiplicateur.

Peu après l'application de la tension à mesurer v, le condensateur C se charge jusqu'à une tension V qui est maintenue constante grâce à son retour aux entrées Y2 et X1 du multiplicateur. Le circuit fonctionne comme un système asservi. Une fois la charge du condensateur achevée, le courant à travers lui et la résistance R_4 s'annule et la tension u s'annule aussi car le potentiel à l'entrée de l'amplificateur opérationnel est égal à zéro.

1 Démontrer que la tension de sortie du multiplicateur est $u = kV^2 - kv^2$ et par conséquent, après l'intégration à $u = 0$, $V = \sqrt{(v^2)_{moy}}$, ce qui correspond à la valeur efficace de v.

2 Choisir la constante de temps R_4C égale à quelques centaines de millisecondes pour rendre l'intégration possible à partir de quelques hertz. La résistance R_4 doit être assez grande pour réduire la valeur, le volume et le prix du condensateur C, mais inférieure à quelques dizaines de kiloohms pour réduire l'influence des erreurs statiques de l'amplificateur opérationnel sur la précision. Le condensateur doit avoir un faible courant de fuite (à tantale par exemple). Choisir la résistance R_5 de façon à annuler la composante de la tension de décalage de sortie due aux courants de polarisation d'entrée ; ces courants sont faibles, mais croissent exponentiellement avec la température (ce sont les courants inverses de la jonction PN des transistors à effet de champ d'entrée).

3 Choisir les résistances R_1 et R_2 égales avec une tolérance inférieure à 0,5 % pour obtenir un gain égal à - 1. Pour minimiser les erreurs statiques, leurs valeurs ne doivent pas dépasser quelques dizaines de kiloohms. Expliquer le rôle de la résistance R_3 et choisir sa valeur.

4 Choisir les valeurs de la résistance fixe R_6 et de la résistance ajustable R_7 de façon à pouvoir ajuster le courant du milliampèremètre de ± 10 % environ.

5 Se munir des extraits des catalogues des constructeurs. Réaliser le montage sur une plaque à trous de laboratoire. Attention à la polarité du condensateur C. Alimenter par l'alimentation stabilisée de laboratoire.

6 Calibrer l'appareil de façon suivante. Appliquer une tension continue de 1 V à l'entrée (utiliser la troisième section de l'alimentation stabilisée ou un potentiomètre de 10 kΩ à la sortie + 15 V de cette alimentation). La mesurer par un voltmètre CC précis. Régler la résistance R_7 jusqu'à ce que le courant de l'ampèremètre devient égal à 0,2 mA. Vérifier si à v = 3 et 5 volts le courant est égal à 0,6 et à 1 mA respectivement et réajuster un peu si nécessaire. Graduer le cadran du milliampèremètre en tensions (valeurs efficaces).

7 Brancher à l'entrée le générateur de signaux de laboratoire ; utiliser un câble blindé. Observer la tension à sa sortie sur l'oscilloscope. Tester le montage avec des tensions sinusoïdales, triangulaires et rectangulaires de différentes fréquences, amplitudes et rapports cycliques, avec et sans composantes continues, en veillant à ce que les valeurs crêtes de la tension d'entrée ne dépassent pas ± 5 V. Comparer les résultats avec ceux obtenus par un voltmètre valeur efficace vraie de référence. Mesurer les tensions u, V et v_{x1} avec un voltmètre numérique. Estimer la fréquence minimale et maximale de fonctionnement pour les différentes formes. Quelle est l'amplitude minimale de la tension v à laquelle l'imprécision de la mesure reste acceptable? Et l'amplitude maximale? Quelle est l'influence d'une instabilité de ± 10 % des tensions d'alimentation sur la précision de la mesure?

8 Réaliser le montage final sur une carte imprimée comme un module transformant un voltmètre CC en voltmètre CC + AC valeur efficace vraie (c'est-à-dire, sans le milliampèremètre et les résistances R_6 et R_7, mais avec une résistance réglant l'offset de l'amplificateur opérationnel de sortie).

9 Rédiger un compte rendu comportant le cahier des charges, les schémas électriques, les résultats des calculs et la nomenclature des composants, le dessin de la plaque imprimée, les résultats des tests, l'estimation du coût et des conclusions.

4 DÉRIVATION

4.1 Dérivateurs

Le dérivateur est un circuit linéaire dont la tension de sortie u est proportionnelle à la dérivée de la tension d'entrée par rapport au temps $\dfrac{dv}{dt}$. Le principe est illustré à la figure suivante.

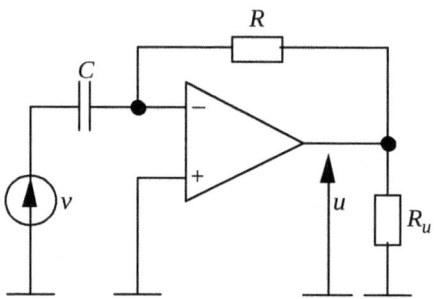

Si l'amplificateur opérationnel est idéal, les courants à travers le condensateur C et la résistance R sont égaux et on peut écrire :

$$C\frac{dv}{dt} = -\frac{u}{R} \text{ ou } u = -RC\frac{dv}{dt}.$$

En régime sinusoïdal et en notation complexe $v = \underline{V}$, $u = \underline{U}$, $\dfrac{d}{dt} = j\omega$ et la fonction de transfert du montage

$$\underline{T} = \frac{\underline{U}}{\underline{V}} = -j\omega RC = -j\frac{\omega}{\omega_p} = -j\frac{f}{f_p}$$

avec $f_p = \dfrac{\omega_p}{2\pi} = \dfrac{1}{2\pi RC}$.

Son module et sa phase sont $T = \dfrac{f}{f_p}$ et $\varphi = \text{arctg}\dfrac{-\dfrac{f}{f_p}}{0} = -\dfrac{\pi}{2}$ rad = -90 °.

Les caractéristiques de transfert $T(f)$ et $\varphi(f)$ sont tracées ci-après. A hautes fréquences, T tend à devenir infiniment grand. En réalité, il est limité car l'amplificateur opérationnel n'est pas idéal et son gain A diminue à hautes fréquences à cause de quoi la dérivation devient inexacte. Mais ce qui est encore plus grave, c'est qu'au déphasage apporté par le circuit R-C s'ajoute celui de l'amplificateur opérationnel et aux fréquences où $T \geq A$ le déphasage entre u et v est pratiquement toujours égal à 360 °. Un tel montage est instable, car chaque petite fluctuation de la tension à l'entrée de l'amplificateur opérationnel est amplifiée et retournée à l'aide du diviseur C-R agrandie, amplifiée de nouveau, etc. ; une tension périodique apparaît en sortie sans qu'il y ait une tension appliquée à l'entrée ; le montage devient un oscillateur non contrôlable au lieu d'être un dérivateur.

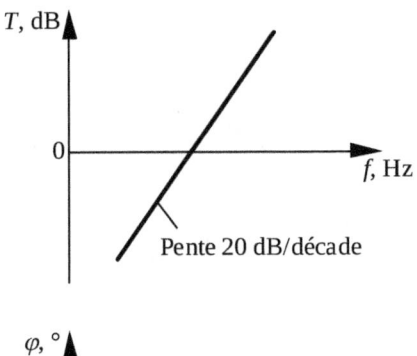

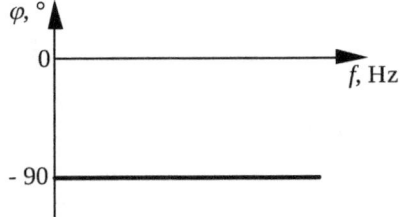

Pour éviter les oscillations parasites, on ajoute une résistance R_1 (voir fig. 6) qui crée un déphasage opposé et ne permet pas au déphasage total de s'approcher à 360 ° aux fréquences où $T \geq A$. Cette résistance introduit une erreur dans la dérivation qui peut être négligée seulement si R_1 est beaucoup plus petite que R.

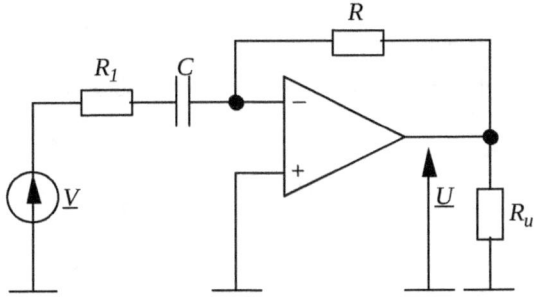

Fig. 6 Dérivateur

En effet, si l'amplificateur opérationnel est idéal, la fonction de transfert de ce montage qui est un montage inverseur (voir l'Annexe B) sera :

$$T = \frac{U}{V} = -\frac{R}{R_1 + \frac{1}{j\omega C}} = \frac{-\frac{R}{R_1}}{1 - j\frac{f_1}{f}}$$

où $f_1 = \frac{\omega_1}{2\pi} = \frac{1}{2\pi R_1 C}$.

Son module $T = \frac{\frac{R}{R_1}}{\sqrt{1 + (\frac{f_1}{f})^2}}$.

Sa caractéristique de transfert $T(f)$:

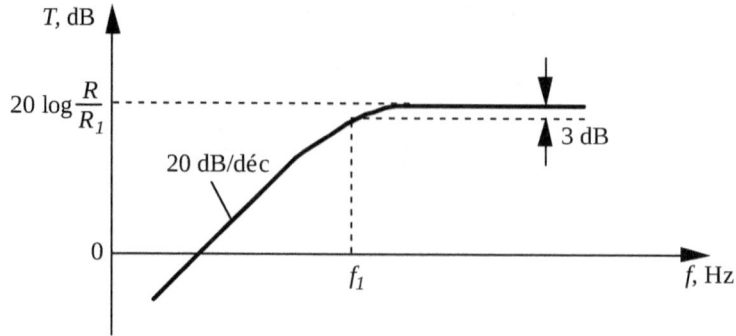

La dérivation est exacte là où la pente de T est de 20 dB par décade. Pour éviter l'erreur due à R_1, il faut que la fréquence du signal (ou de son dernier harmonique significatif, s'il n'est pas sinusoïdal) soit inférieure à f_1. On calcule facilement que si $f \leq \dfrac{f_1}{7}$, l'erreur sera inférieure à 1 %.

Comme cela a été dit, une autre erreur est due à la diminution du gain A de l'amplificateur opérationnel à hautes fréquences.

Il est possible de démontrer que le déphasage entre u et v reste inférieur à 315 °, si l'on choisit $f_1 \leq 0{,}1 f_{max}$ où f_{max} est la fréquence à laquelle le gain de l'amplificateur opérationnel est égal à 1 (0 dB). Sous ces conditions ($f_1 \leq 0{,}1 f_{max}$ et $f \leq \dfrac{f_1}{7}$), l'erreur dans la dérivation due à la diminution du gain A peut être négligée aussi.

♦ Dérivation d'impulsions rectangulaires

Le circuit C-R est utilisé pour obtenir des impulsions courtes aux moments de changements brusques de la tension d'entrée v :

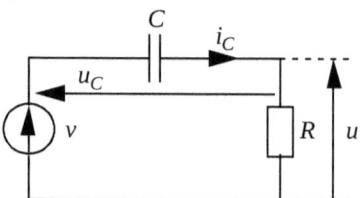

Fig. 7 Dérivateur d'impulsions rectangulaires

En régime permanent $i_C = C\dfrac{du_C}{dt} = \dfrac{u}{R}$ et $u_C = v - u$, d'où on obtient : $u = RC\dfrac{dv}{dt} - RC\dfrac{du}{dt}$. Ce n'est pas donc un bon dérivateur, parce que la tension de sortie n'est pas proportionnelle à $\dfrac{dv}{dt}$. En plus, pour des changements brusques de la tension v sa dérivée $\dfrac{dv}{dt}$ n'est pas définie. On utilise le régime transitoire qui suit chaque changement brusque de la tension v. Si, par exemple, la tension v est une impulsion rectangulaire idéale assez longue, la tension de sortie u aura la forme donnée à la figure suivante :

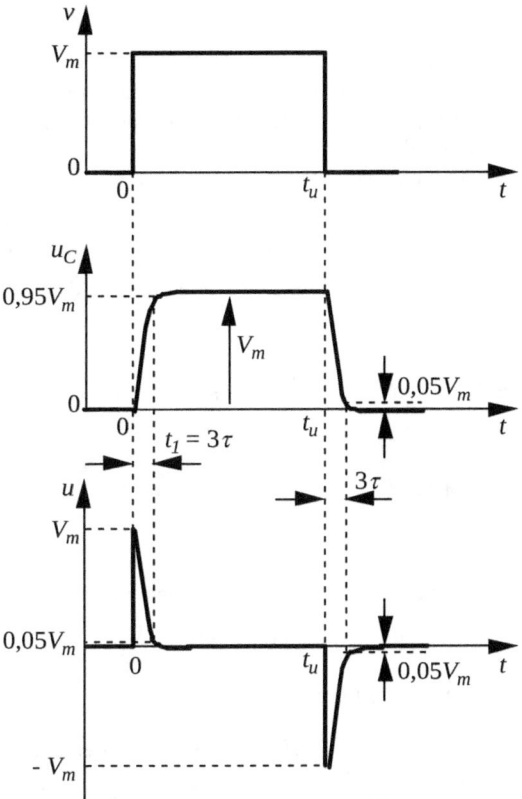

A l'instant $t = 0$ la tension d'entrée change brusquement de 0 à V_m. Comme la tension sur le condensateur ne peut changer instantanément, la tension de sortie change de 0 à V_m, elle aussi. Après, le condensateur commence à se charger exponentiellement à travers la résistance R :

$$u_C = V_m(1 - e^{-\frac{t}{\tau}}) \text{ et } u = v - u_C = V_m e^{-\frac{t}{\tau}}$$

avec $\tau = RC$.

C'est le régime transitoire. Théoriquement, il est infiniment long. Pratiquement, il s'achève au moment t_1, quand $u_C = 0,95V_m$ (ou quand $u = 0,05V_m$), avec une erreur de 5 %. En remplaçant u par $0,05V_m$ et t par t_1, on obtient :

$$t_1 = \tau \ln \frac{V_m}{0,05V_m} = 3\tau.$$

Pour que l'impulsion de sortie u soit courte par rapport à l'impulsion d'entrée, il faut que la constante de temps τ du circuit soit petite ($3\tau < t_u$). Sous cette condition, à l'instant $t = t_u$, quand la tension d'entrée change brusquement de V_m à 0, la tension de sortie change de 0 à $-V_m$, car la tension u_C sur le condensateur est égale à V_m et ne peut pas changer instantanément. Après, le condensateur commence à se décharger exponentiellement à travers la résistance R. Le régime transitoire s'achève pratiquement après un délai de 3τ.

L'obtention d'impulsions négatives à partir de créneaux positifs est une propriété remarquable de ce circuit. Elle est souvent utilisée pour obtenir une tension négative d'une tension positive (ou inversement).

4.2 Exercices résolus

4.2.1 Conception d'un dérivateur

En utilisant l'amplificateur opérationnel type 741, concevoir un montage dont la tension de sortie u est la dérivée de la tension d'entrée $v = V_m \sin\omega t$ avec la même amplitude. Quelle est la valeur maximale possible de cette amplitude?
Estimer la fréquence maximale du signal à laquelle la dérivation est encore assez précise.

Solution

Pour éviter les oscillations parasites, il faut utiliser le dérivateur de la figure 6 en choisissant $f_1 = \dfrac{1}{2\pi R_1 C} \leq 0{,}1 f_{max} = 100$ kHz (voir l'annexe B). Pour que la dérivation soit assez précise, la fréquence du signal f doit être inférieure à $\dfrac{f_1}{7}$. Sous cette condition $T = \dfrac{\dfrac{R}{R_1}}{\sqrt{1+(\dfrac{f_1}{f})^2}} \approx \dfrac{R}{R_1} \times \dfrac{f}{f_1} = 2\pi RCf$. Enfin, pour que les amplitudes de v et u soient égales, il faut que $T = 1$, c'est-à-dire $f = \dfrac{1}{2\pi RC}$ et $\dfrac{f_1}{f} = \dfrac{R}{R_1}$.

Choisissons $C = 1$ nF pour minimiser le coût et pour obtenir une résistance d'entrée maximale du montage. Si la fréquence f est égale à sa valeur maximale $\dfrac{f_1}{7} = \dfrac{100 \times 10^3}{7} = 14{,}2$ kHz, on calcule $R_1 = \dfrac{1}{2\pi f_1 C} = 1\,591\,\Omega$ et $R = 7R_1 = 11{,}14$ kΩ.

Si la fréquence du signal est plus petite, la précision est meilleure. Pour $f = 1$ kHz par exemple, et avec $C = 1$ nF, on calcule $R = \dfrac{1}{2\pi f C} = 159$ kΩ et on peut prendre $f_1 = 50$ kHz, ce qui donne $R_1 = \dfrac{R}{50} = 3{,}18$ kΩ. Le rapport des résistances est très confortable et la stabilité est assurée avec une marge supplémentaire.

Si, par contre, la fréquence du signal est supérieure à 14,2 kHz, il faut prendre un amplificateur opérationnel d'une fréquence f_{max} plus élevée.

La tension de sortie

$$u = -RC\dfrac{dv}{dt} = -RC\dfrac{V_m \cos\omega t}{\omega} = -V_m \cos\omega t = V_m \sin(\omega t + \dfrac{3\pi}{2}).$$

Le montage doit rester linéaire, ce qui signifie que V_m doit être inférieure aux tensions de saturation $|U^1|$ et $|U^0|$ de l'amplificateur opérationnel.

4.2.2 Obtention d'une tension rectangulaire d'amplitude réglable

On applique à l'entrée du dérivateur de la figure 6 une tension v triangulaire symétrique d'amplitude $V_m = 2$ V et de fréquence $f = 2$ kHz. L'amplificateur opérationnel est le 741. Calculer les valeurs de R, R_1 et C de façon que l'amplitude U_m de la tension de sortie soit réglable de 2 à 8 V. Tracer les chronogrammes de v et u.

Solution

Le chronogramme de la tension v est :

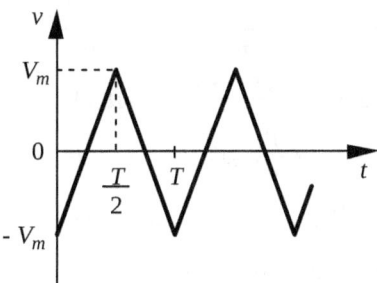

Dans l'intervalle de temps de 0 à $\frac{T}{2}$, $v = -V_m + \frac{V_m - (-V_m)}{\frac{T}{2}} t = -V_m + \frac{4V_m}{T} t = -V_m + 4V_m f t$ et $u = -RC\frac{dv}{dt} = -4V_m fRC$.

Dans l'intervalle de temps de $\frac{T}{2}$ à T, $v = V_m - 4V_m ft$ et $u = 4V_m fRC$. La tension de sortie est une tension rectangulaire symétrique d'une période $T = \frac{1}{f}$ et d'une amplitude $U_m = 4V_m fRC$:

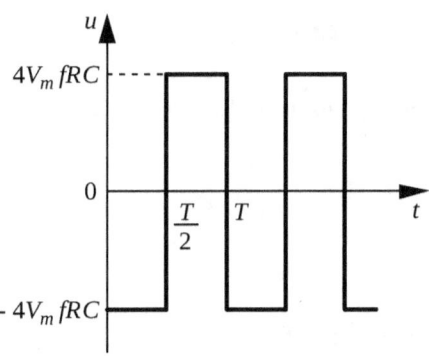

La constante de temps $RC = \frac{U_m}{4V_m f} = \frac{2 \text{ à } 8}{4 \times 2 \times 2 \times 10^3} = 0{,}125$ à $0{,}5$ ms. Elle peut être réglée par R :

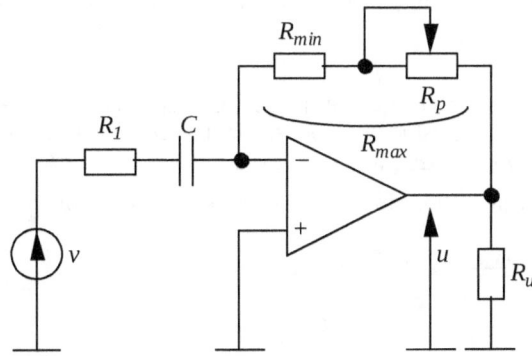

Choisissons $C = 680$ pF pour minimiser le coût et pour obtenir une résistance d'entrée élevée. Pour que le montage soit stable, la fréquence $f_1 = \frac{1}{2\pi R_1 C}$ doit être inférieure à $0{,}1 f_{max} \approx 100$ kHz.

Choisissons f_1 = 30 kHz. Alors $R_1 = \dfrac{1}{2\pi f_1 C} = \dfrac{1}{2\pi \times 30 \times 10^3 \times 680 \times 10^{-12}}$ = 7,8 kΩ (valeur normalisée 8,2 kΩ). La résistance $R_{min} = \dfrac{0,125 \times 10^{-3}}{C}$ = 183 kΩ (valeur normalisée 160 kΩ qui tient compte de la tolérance de C). Le rapport $\dfrac{R}{R_1}$ est supérieur à 20, ce qui assure une bonne précision. La résistance $R_{max} = R_{min} + R_p = \dfrac{0,5 \times 10^{-3}}{C}$ = 735 kΩ, d'où R_p = 575 kΩ (valeur normalisée 680 kΩ).

Si l'on trouve que la résistance nominale du potentiomètre est trop grande, on peut faire les calculs d'une autre manière. On prend par exemple R_p = 100 kΩ (valeur convenable) et comme $\dfrac{R_{max}}{R_{min}}$ = 4 et $R_{max} - R_{min} = R_p$ = 100 kΩ, on obtient $R_{min} = \dfrac{100}{3}$ = 33 kΩ, $C = \dfrac{0,125 \times 10^{-3}}{R_{min}}$ = 3,8 nF (valeur normalisée 3,9 nF) et $R_1 = \dfrac{1}{2\pi f_1 C}$ = 1,36 kΩ (valeur normalisée 1,3 kΩ). Le rapport $\dfrac{R}{R_1}$ est supérieur à 25, ce qui assure une bonne précision. Mais la résistance d'entrée du montage est plus petite.

4.3 Exercices à résoudre

4.3.1

Soit le dérivateur de la figure 6 qui est considéré comme idéal. Trouver la tension u et tracer les chronogrammes des tensions v et u si

a) $v = V_m \cos\omega t$;

b) $v = V_m \sin(\omega t + \dfrac{\pi}{4})$;

c) $v = V_0 + V_m \cos(\omega t - \dfrac{\pi}{4})$;

d) $v = V_m \sin\omega t + 0,5 V_m \sin(2\omega t + \dfrac{\pi}{2})$;

e) $v = V_m \cos(\omega t + \dfrac{\pi}{2}) - 0,5 V_m \sin(3\omega t - \dfrac{\pi}{3})$;

f) v est une tension triangulaire symétrique d'amplitude (valeur crête) V_m et de fréquence f.

4.3.2

Soit le dérivateur d'impulsions rectangulaires (fig. 7). Calculer la durée t_s des impulsions de sortie si l'impulsion rectangulaire d'entrée est idéale et assez longue. Comment dépend t_s de l'amplitude V_m de l'impulsion d'entrée? Prendre C = 820 pF et R = 22 kΩ.

Remarque. La durée d'une impulsion quelconque est mesurée au niveau 0,5 de sa valeur crête-à-crête.

Réponse : t_s = 12,5 μs.

4.4 Travaux pratiques

4.4.1 Mesure d'un dérivateur

Réaliser le dérivateur de la figure 6 avec un amplificateur type 741 alimenté par deux sources de tension opposées de 10 V et avec $C = 1$ nF, $R_1 = 2$ kΩ et $R = 15$ kΩ. Brancher à l'entrée le générateur de signaux de laboratoire qui fournit une tension triangulaire. Observer sur l'oscilloscope les tensions v et u.

a) Régler la fréquence de la tension d'entrée de 1 kHz à 100 kHz en maintenant son amplitude égale à 3 V. Expliquer ce qu'on observe sur l'écran.

b) A la fréquence de 5 kHz, régler l'amplitude de la tension d'entrée de 1 à 9 V. Comment u change-t-elle?

c) Remplacer la résistance R_1 par un potentiomètre de 3,3 ou 4,7 kΩ. Appliquer une tension d'entrée triangulaire de 2 V/5 kHz. Régler le potentiomètre de 0 à sa valeur maximale. Expliquer ce qui se produit.

d) Appliquer au montage initial une tension sinusoïdale d'une amplitude de 1 V. Régler la fréquence de 5 kHz à 500 kHz. Comment change le déphasage entre u et v? A partir de quelle fréquence la dérivation devient inexacte?

4.4.2 Influence de la résistance interne du générateur R_G et de la capacité de la charge C_L sur le dérivateur d'impulsions rectangulaires

Réaliser le dérivateur de la figure 7 avec $C = 1$ nF et $R = 47$ kΩ. Brancher à l'entrée le générateur de signaux de laboratoire et le régler pour qu'il donne une tension rectangulaire positive d'une valeur crête-à-crête de 6 V, une période de 200 µs et un rapport cyclique de 0,5. Observer les tensions v et u sur l'oscilloscope en utilisant des câbles avec sonde. Relever la courbe $u(t)$.

Brancher un condensateur d'une capacité $C_L = 200$ pF en parallèle à R. Relever la courbe $u(t)$, puis brancher une résistance $R_G = 10$ kΩ en série à C et relever encore une fois la courbe $u(t)$.

Quelle est l'influence de C_L et R_G sur u?

5 INTÉGRATION

5.1 Intégrateurs

L'intégrateur est un circuit linéaire dont la tension de sortie u est proportionnelle à l'intégrale de la tension d'entrée par rapport au temps $\int v \; dt$. Le principe est illustré à la figure 8.

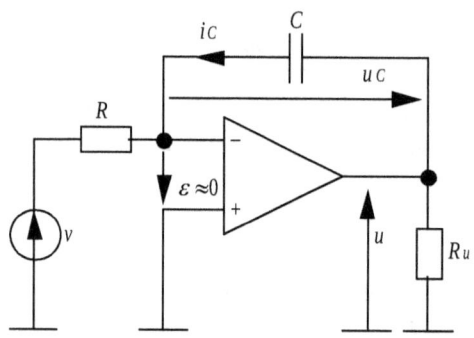

Fig. 8 Intégrateur idéal

Si l'amplificateur opérationnel est idéal (voir l'Annexe B), les courants à travers le condensateur C et la résistance R sont égaux et on peut écrire :

$$i_C = C\frac{du_C}{dt} = C\frac{du}{dt} = -\frac{v}{R}, \text{ d'où}$$

$$u = -\frac{1}{RC}\int v \; dt + K.$$

La constante d'intégration K est égale à la valeur de u à l'instant $t = 0$.

On peut démontrer (voir l'exercice 5.2.1) que ce montage est stable (n'oscille pas). Mais il est sensible aux erreurs statiques de l'amplificateur opérationnel (tension de décalage d'entrée U_{OS}, courant de polarisation d'entrée I_{BIAS} et courant de décalage d'entrée I_{OS}). Si par exemple la tension de décalage d'entrée n'est pas nulle, on peut la représenter comme une source de tension branchée à l'une des entrées de l'amplificateur opérationnel idéal :

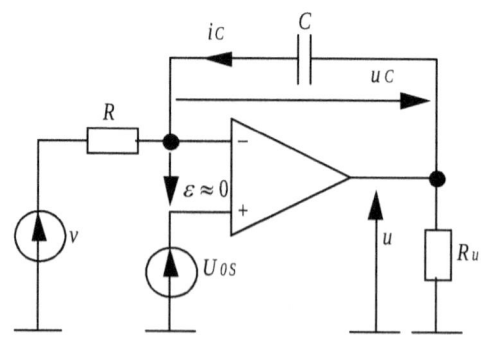

Pour ce circuit :

$$i_C = C\frac{du_C}{dt} = C\frac{d(u - U_{0S})}{dt} = -\frac{v - U_{0S}}{R},$$

La tension de sortie a une nouvelle composante constante (U_{0S}) et une autre proportionnelle au temps ($\frac{U_{0S}}{RC}t$). Selon le signe de la tension de décalage U_{0S} qui peut être positive ou négative, u va atteindre assez vite soit la tension de saturation positive U^1, soit la tension de saturation négative U^0 de l'amplificateur opérationnel. A cet état, le montage devient non linéaire, la tension de sortie ne dépend plus de la tension d'entrée et il n'y a plus d'intégration. La saturation se produit avec v égale à zéro ou pas.

L'influence des courants de polarisation et de décalage d'entrée est similaire. La compensation de l'offset par les méthodes conventionnelles (voir l'Annexe B)) n'est jamais parfaite, parce que U_{0S}, I_{BIAS} et I_{0S} dépendent de la température et il suffit un petit changement de la température pour que l'amplificateur opérationnel soit amené à la saturation.

Pour rendre le montage opérationnel, on branche une résistance supplémentaire R_1 qui permet d'éviter la saturation et de réduire le décalage de la tension de sortie au dessous d'une valeur acceptable :

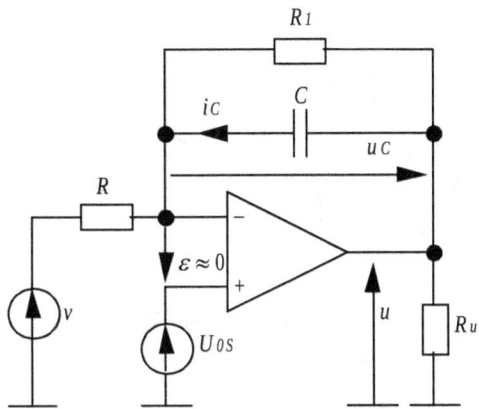

Cette résistance introduit une erreur dans l'intégration. Pour que cette erreur soit négligeable, il faut que R_1 soit beaucoup plus grande que R.

Nous avons vu que la saturation se produisait indépendamment de la valeur de v. Pour simplifier l'analyse du nouveau circuit, il est commode de prendre $v = 0$. Dans ce cas, le seul "signal" est la tension continue U_{0S} (les courants I_{BIAS} et I_{0S} que nous ne prenons pas en compte encore une fois pour simplifier l'analyse, sont continus eux aussi). Pendant l'étape transitoire, le condensateur se charge jusqu'à une tension maximale U_C après quoi le courant i_C s'annule et la tension de sortie atteint une valeur maximale U_d. Dans ces conditions (régime stationnaire), les courants à travers les résistances R et R_1 sont égaux :

$$\frac{U_{0S}}{R} = \frac{U_d - U_{0S}}{R_1} \text{ et}$$

$$U_d = U_{0S}(1 + \frac{R_1}{R}).$$

La tension U_d ne dépend pas du temps. La saturation sera évitée si elle est inférieure à U^1 et à U^0 (en valeur absolue). En réalité, elle doit être beaucoup plus petite pour permettre au signal de sortie d'avoir une dynamique suffisante pendant l'intégration (quand $v \neq 0$). La valeur acceptable de U_d est assurée par le choix des résistances R et R_1, de l'amplificateur opérationnel (U_{0S}, I_{BIAS} et I_{0S}, car U_d dépend aussi de I_{BIAS} et de I_{0S}!) et (ou) par compensation de l'offset. Ici, cette dernière est efficace, parce que la tension de sortie ne dérive pas dans le temps. Elle peut être réalisée par exemple en branchant une résistance $R_0 = R \parallel R_1$ à l'entrée non inverseuse de l'amplificateur pour annuler l'influence de I_{BIAS}, et à l'aide d'un potentiomètre branché aux broches Offset null de l'amplificateur.

Souvent, il suffit de prendre un amplificateur opérationnel de précision ($U_{OS} < 1$ mV et FET ou CMOS pour lesquels I_{BIAS} et I_{OS} sont négligeables) pour éviter la compensation de l'offset, tout en prenant une résistance $R_1 >> R$.

Dans les appareils de mesure où une grande précision et indépendance de la température sont nécessaires, on utilise des méthodes de compensation plus sophistiquées.

5.2 Exercices résolus

5.2.1 Bande de fréquences d'un intégrateur

Soit l'intégrateur :

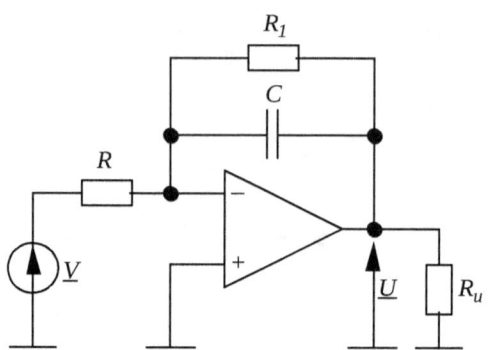

a) En considérant l'amplificateur opérationnel comme idéal et fonctionnant en régime linéaire, trouver la fonction de transfert $T = \dfrac{U}{V}$, son module T, sa phase φ et tracer les caractéristiques de transfert $T(f)$ et $\varphi(f)$ avec et sans résistance R_1.

b) Délimiter la bande de fréquences où l'intégration est assez précise.

c) Estimer sa stabilité.

Solution

a) C'est un montage inverseur et $T = \dfrac{U}{V} = -\dfrac{R_1 \| \dfrac{1}{j\omega C}}{R} = \dfrac{-\dfrac{R_1}{R}}{1+j\omega R_1 C} = \dfrac{-\dfrac{R_1}{R}}{1+j\dfrac{f}{f_1}}$ où $f_1 = \dfrac{\omega_1}{2\pi} = \dfrac{1}{2\pi R_1 C}$.

Son module $T = \dfrac{\dfrac{R_1}{R}}{\sqrt{1+(\dfrac{f}{f_1})^2}}$. Sa phase $\varphi = 180° - \text{arctg}\dfrac{f}{f_1}$.

Si $R_1 \to \infty$, $T = \dfrac{-\dfrac{1}{R}}{\dfrac{1}{R_1}+j\omega C} = -\dfrac{1}{j\omega RC} = \dfrac{j}{\omega RC} = j\dfrac{f_p}{f}$ où $f_p = \dfrac{1}{2\pi RC}$, $T = \dfrac{f_p}{f}$ et

$\varphi = \text{arctg}\dfrac{f_p}{0} = \dfrac{\pi}{2}$ rad = 90°.

Les caractéristiques de transfert sont :

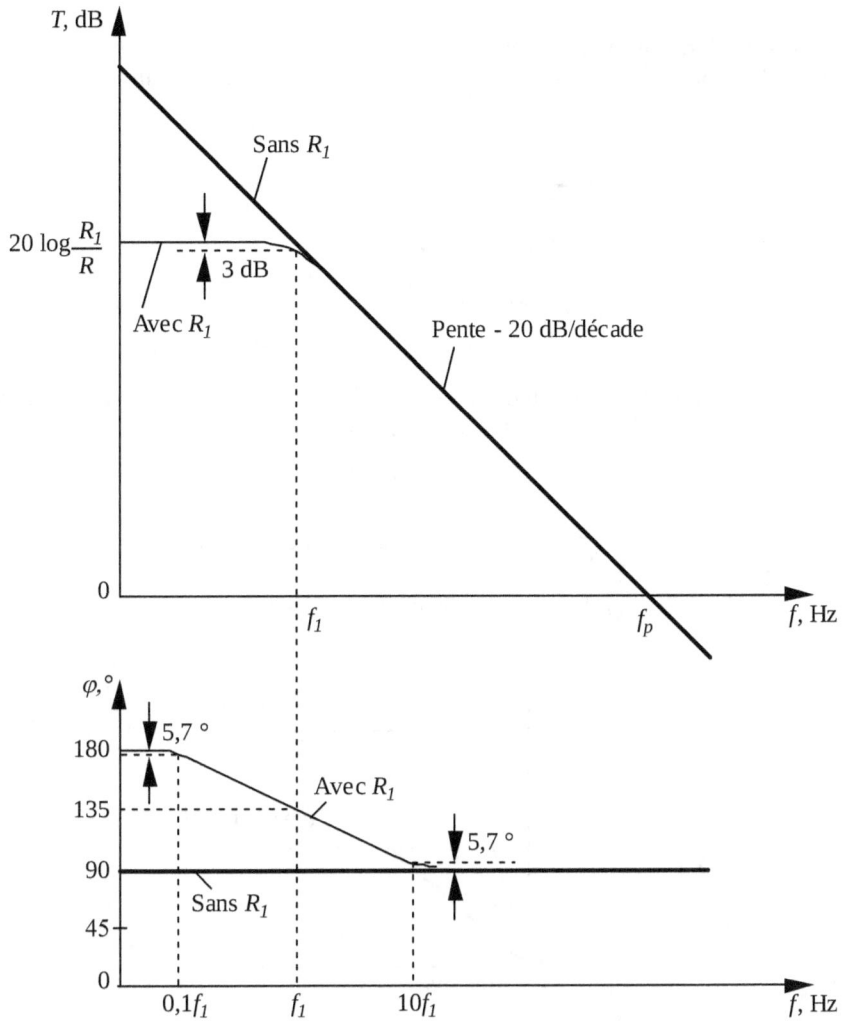

b) L'intégration est exacte là où la pente de T est de - 20 dB par décade. Pour éviter l'erreur due à R_1, il faut que la fréquence du signal (ou la fréquence minimale significative de son spectre, s'il n'est pas sinusoïdal) soit supérieure à f_1. On calcule facilement que si $f \geq 7f_1$, l'erreur sera inférieure à 1 %.

Une autre erreur est due à la diminution du gain A de l'amplificateur opérationnel à hautes fréquences. En effet, si A n'est pas assez grand, la formule $\underline{T} = \dfrac{\underline{U}}{\underline{V}} = -\dfrac{1}{j\omega RC}$ laquelle est équivalente à $u = -\dfrac{1}{RC}\int v\ dt + K$ dans le domaine temporaire devient inexacte. La fréquence maximale du spectre du signal où l'intégration est encore assez précise, est celle où $A \approx 20$ par exemple. Pour l'amplificateur opérationnel 741 par exemple, cela donne à peu près 50 kHz.

c) La stabilité du montage est excellente, car le circuit *R-C* apporte un avancement de phase qui compense partiellement le retardement dû à l'amplificateur opérationnel à hautes fréquences. Il n'y a pas de danger d'oscillations parasites.

5.2.2 Intégration d'impulsions rectangulaires

On applique à l'entrée de l'intégrateur idéal (fig. 8) une impulsion rectangulaire :

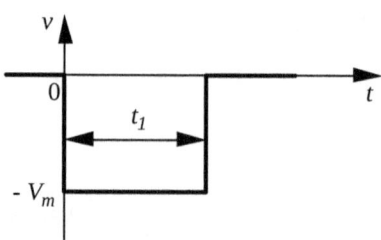

Tracer le chronogramme de la tension de sortie u si à l'instant $t = 0$ le condensateur est déchargé, $V_m = 1$ V, $t_1 = 1$ ms, $U^1 = -U^0 = 10$ V et $\tau = RC = 0{,}2$ ms, puis 50 µs.

<u>Solution</u>

Pour un intégrateur idéal $u = -\dfrac{1}{RC}\int v\ dt + K$, K est la valeur de u à l'instant $t = 0$ et $u = u_C$, donc ici $K = 0$ et $u = -\dfrac{1}{RC}\int -V_m\ dt = \dfrac{V_m}{RC}t$. Les chronogrammes de u sont :

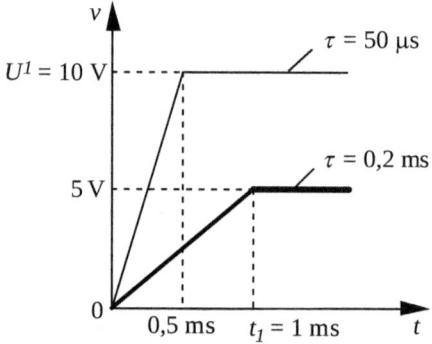

Quand $\tau = 50$ µs, l'intégration n'est pas correcte car l'amplificateur opérationnel se sature avant la fin de l'impulsion d'entrée. Pour éviter la saturation, il faut augmenter la constante de temps τ.

L'intégrateur convertit les tensions continues en tensions linéaires. C'est son domaine d'application préféré.

5.3 Exercices à résoudre

5.3.1 Influence des erreurs statiques de l'amplificateur opérationnel sur l'intégration

Le schéma équivalent d'un amplificateur opérationnel qui tient compte des courants de polarisation et de décalage d'entrée est :

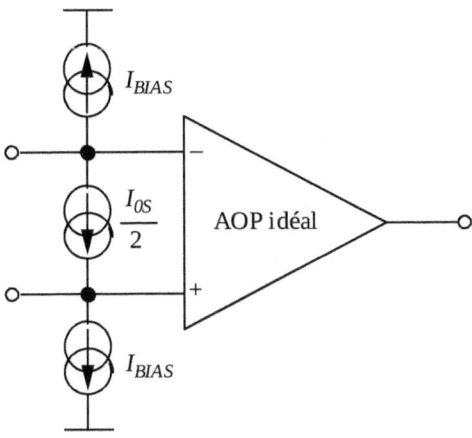

a) En substituant ce schéma à l'amplificateur idéal à la figure 8, exprimer u en fonction de v. Y a-t-il danger de saturation?

<u>Réponse</u> : $u = -\dfrac{1}{RC}\int v\, dt + \dfrac{I_{BIAS}}{C}t - \dfrac{I_d}{2C}t + K$.

b) Le schéma suivant a été obtenu du précédent en branchant les résistances R_1 et R_0 et en posant $v = 0$.

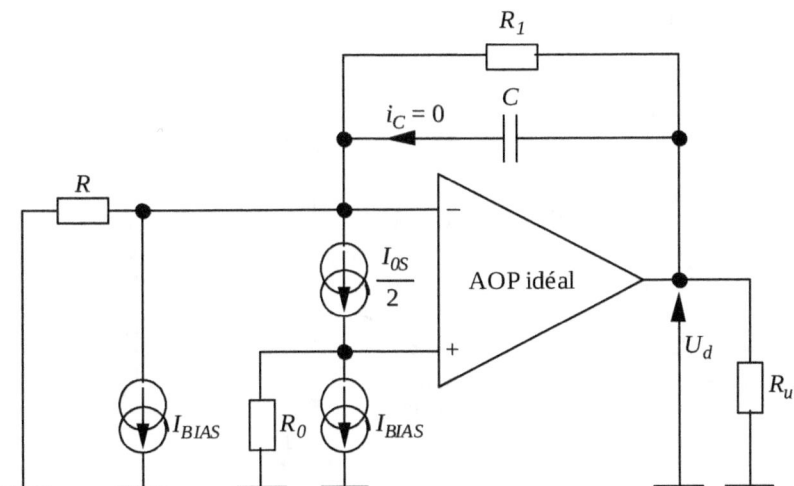

En régime stationnaire ($i_C = 0$) et en supposant que l'amplificateur opérationnel n'est pas saturé, trouver les composantes de la tension de décalage de sortie U_d dues aux courants I_{BIAS} et I_{OS} (l'autre composante est due à la tension de décalage d'entrée U_{OS} laquelle est supposée nulle ici).
Comment la minimiser?

<u>Réponse</u> : $U_d = -(R_0 + \dfrac{R_0 R_1}{R} - R_1)I_{BIAS} - (R_0 + \dfrac{R_0 R_1}{R} + R_1)\dfrac{I_{OS}}{2}$,

$U_d = -I_{OS}R_1$ si $R_0 = R \parallel R_1$.

5.3.2 Intégrateur différentiel

Prouver que le montage suivant est un intégrateur de la tension différentielle $v_d = v_1 - v_2$. On suppose que l'amplificateur opérationnel est parfait et fonctionne en régime linéaire.

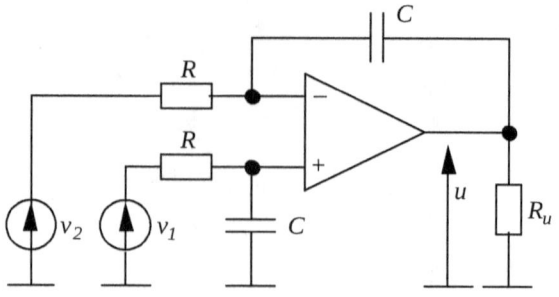

Réponse : $u = \dfrac{1}{RC}\int (v_1 - v_2)\ dt + K$.

5.4 Travail pratique

5.4.1 Essais d'un intégrateur
Réaliser le montage suivant :

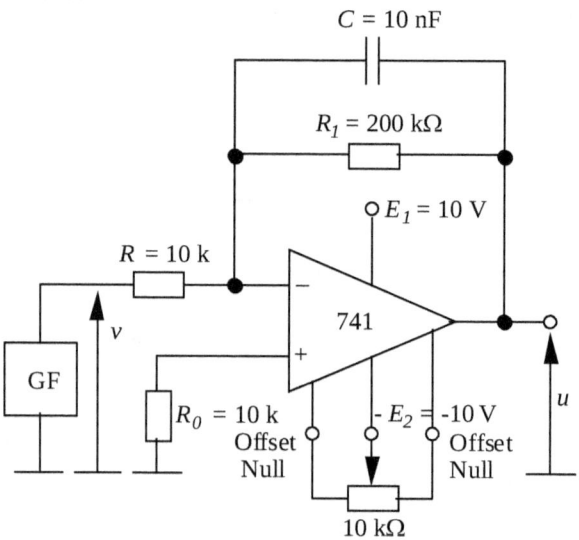

Observer les tensions v et u sur l'oscilloscope.

a) La tension v est rectangulaire symétrique d'une fréquence de 1 kHz. Baisser-la jusqu'à zéro et compenser l'offset à l'aide du potentiomètre, puis augmenter sa valeur crête-à-crête jusqu'à 2 V. Relever les chronogrammes de v et u.

b) Régler la fréquence de 10 Hz à 1 MHz. Comment change la tension u? Pourquoi?

c) A la fréquence de 1 kHz, enlever le potentiomètre. Que devient la valeur moyenne de la tension u?

Enlever aussi la résistance R_0 et brancher l'entrée non inverseuse de l'amplificateur opérationnel à la masse. Même question. Conclure sur le rôle de la résistance R_0.

Enlever enfin la résistance R_1. Même question.

Annexe A

MÉTHODES D'ANALYSE DES CIRCUITS LINÉAIRES EN RÉGIME SINUSOÏDAL

Rappelons qu'un circuit linéaire est constitué exclusivement de composants linéaires et/ou de composants qui peuvent être considérés comme tels. S'il comporte par exemple des transistors, ils doivent fonctionner en régime linéaire (petit signal) ; pour ce faire, ils doivent être polarisés correctement et l'amplitude du signal ne doit pas atteindre des valeurs qui les saturent ou les bloquent.

Pour analyser un tel circuit, on remplace chaque composant et chaque source de signal par leurs schémas équivalents linéaires et on obtient ainsi un réseau constitué de dipôles élémentaires linéaires : résistances, capacités, inductances, sources de courant et sources de tension autonomes ou liées. C'est le schéma équivalent du circuit.

L'analyse consiste en la constitution d'un système d'équations liant les courants dans les branches et les tensions entre les nœuds de ce schéma équivalent. Pour ce faire, on applique les lois d'Ohm, de Kirchhoff et des mailles, les théorèmes de superposition, de Thévenin et de Norton et quelques autres théorèmes.

La solution de ce système d'équations linéaires permet d'exprimer les paramètres caractérisant le circuit en fonction des paramètres des composants. Ces dernières relations sont utilisées soit pour analyser le comportement d'un circuit donné, soit pour synthétiser (concevoir) un circuit d'un comportement voulu en choisissant ses composants.

Tous les lois et théorèmes d'analyse des circuits linéaires en courant continu sont applicables en régime sinusoïdal à condition d'utiliser la notation complexe.

En notation complexe, les capacités et les inductances sont remplacées par leurs impédances $\dfrac{1}{j\omega C}$ et $j\omega L$.

♦ **La loi d'Ohm en notation complexe**

$$Z = \frac{1}{Y} = \frac{U}{I}.$$

♦ **La loi de Kirchhoff en notation complexe**

La somme des courants entrant (ou sortant) d'un nœud du circuit est nulle.

Exemple

$$I_1 + I_2 - I_3 + I_4 = 0$$

♦ **La loi des mailles en notation complexe**

La somme des tensions sur les branches d'une maille du circuit parcourue dans le même sens est nulle.

Exemple. Soit le circuit:

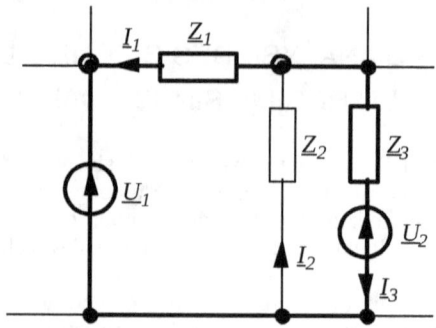

Pour la maille $\underline{U}_1 - \underline{Z}_1 - \underline{Z}_3 - \underline{U}_2$ on peut écrire :
$\underline{U}_1 + \underline{I}_1\underline{Z}_1 - \underline{I}_3\underline{Z}_3 - \underline{U}_2 = 0$.

♦ **Le théorème de Thévenin en notation complexe**

Tout circuit linéaire vu de deux de ses nœuds A et B peut être modélisé par un générateur de tension $\underline{E}_{th}$ d'une impédance interne $\underline{Z}_{th}$:

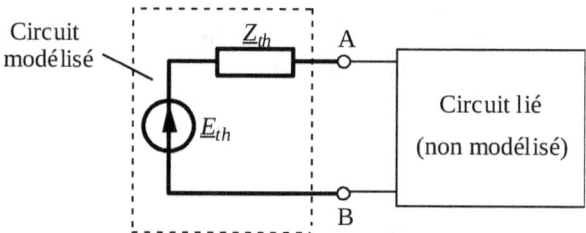

La tension de Thévenin $\underline{E}_{th}$ est celle entre les nœuds A et B à vide (quand le circuit lié est déconnecté).

L'impédance de Thévenin $\underline{Z}_{th}$ est celle entre les nœuds A et B quand le circuit lié est déconnecté et tous les générateurs de tension et de courant indépendants du circuit modélisé sont éteints (les générateurs de tension court-circuités, les générateurs de courant interrompus).

Exemple 1

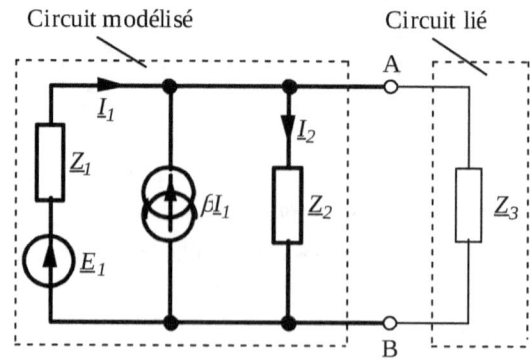

Schéma équivalent :

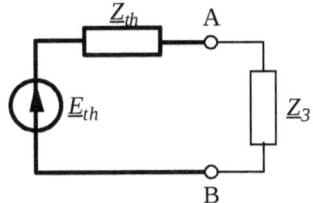

Le circuit modélisé comporte un générateur de tension indépendant E_1 et un générateur de courant lié βI_1 (β étant un coefficient de proportionnalité). La tension de Thévenin E_{th} est celle entre les points A et B quand le circuit lié (l'impédance Z_3) est déconnecté. Pour la calculer, il faut analyser le circuit se trouvant à gauche des points A et B. On voit bien que $E_{th} = I_2 Z_2$. Mais selon la loi de Kirchhoff appliquée au nœud A

$$I_1 + \beta I_1 - I_2 = 0.$$

D'autre côté, selon la loi des mailles,

$$E_1 - I_1 Z_1 - I_2 Z_2 = 0.$$

Des deux dernières équations on obtient : $I_1 = \dfrac{I_2}{1+\beta}$ et $I_2 = \dfrac{E_1}{\dfrac{Z_1}{1+\beta} + Z_2}$

Alors $E_{th} = E_1 \dfrac{Z_2}{\dfrac{Z_1}{1+\beta} + Z_2}$

L'impédance de Thévenin Z_{th} est celle entre les nœuds A et B quand le circuit lié (l'impédance Z_3) est déconnecté et le générateur de tension indépendant E_1 est éteint (mais pas le générateur lié βI_1!) :

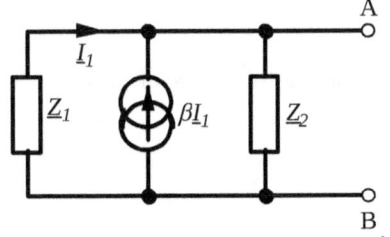

Elle est égale aux impédances des trois branches de ce dipôle liées en parallèle : $Z_{th} = Z_1 \parallel \dfrac{Z_1}{\beta} \parallel Z_2$. (Selon la loi d'Ohm, l'impédance de la branche de milieu est égale à la tension $I_1 Z_1$ divisée par le courant βI_1, c'est-à-dire à $\dfrac{Z_1}{\beta}$).

Exemple 2. Balance électronique

Le schéma synoptique d'une balance électronique est :

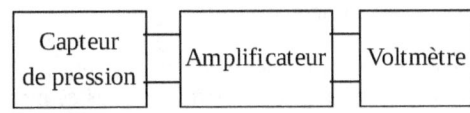

Le rôle du capteur est de convertir la pression exercée par l'objet à peser en tension électrique. Cette dernière étant faible et difficile à mesurer avec précision, on procède d'abord à son amplification (multiplication de sa valeur instantanée par un nombre connu, par exemple 100). Le voltmètre est gradué en kg. (Quand on mesure la pression, il doit être gradué en Pa).

Le capteur est une fine lamelle de silicium dans la couche superficielle de laquelle sont formées par diffusion de bore à haute température quatre résistances liées en pont de Wheatstone.

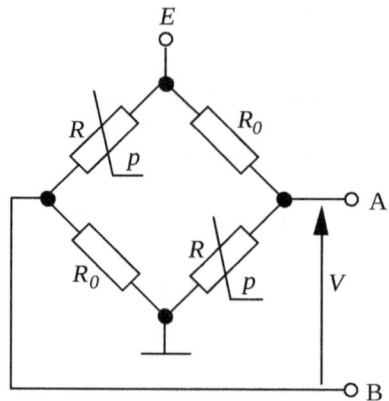

Les résistances R ont la même configuration et les mêmes dimensions que les résistances R_0, mais leur sont perpendiculaires. Chacune des quatre résistances est une jauge de contrainte dont la résistivité électrique change avec la pression mécanique car cette dernière provoque une traction ou une compression de sa longueur l. C'est l'effet piézo-résistif. Pour le silicium de type P :

$$\frac{\Delta R}{R} = 175 \frac{\Delta l}{l}.$$

Une traction $\frac{\Delta l}{l} = 10^{-6}$ par exemple va provoquer une augmentation de la résistance $\frac{\Delta R}{R} = 175 \times 10^{-6}$ (0,017 5 %).

Quand la contrainte mécanique est perpendiculaire à la longueur de la résistance, $\frac{\Delta l}{l} = 0$ et $\frac{\Delta R}{R} = 0$.

Le capteur est collé sous un support flexible de façon que les résistances R subissent une traction.

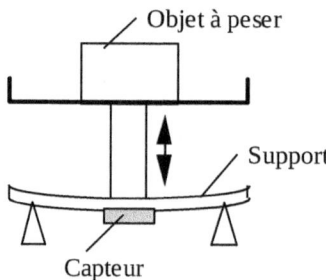

Comme les résistances R_0 leur sont perpendiculaires, elles restent constantes. Seules les résistances R sont donc utilisées comme jauges de contrainte dans ce montage. Si la masse de l'objet à peser est nulle, les quatre résistances ont la même valeur $R = R_0$. Si elle n'est pas nulle, les résistances des deux jauges croissent d'une façon presque linéaire :

$R = R_0 + \Delta R = R_0(1 + KM)$

avec M - la masse de l'objet à peser et K - la sensibilité du capteur.

Le fait que les quatre résistances sont liées en pont et sont pareilles permet d'éliminer l'influence de la température sur le résultat.

a) Représenter le capteur avec la source d'alimentation E par un générateur de Thévenin et exprimer la tension V et la résistance de Thévenin en fonction de E, R_0 et ΔR.

$$\underline{\text{Réponse}}: \quad V = E\frac{\Delta R}{2R_0 + \Delta R} \qquad R_{th} = 2[(R_0 + \Delta R) \parallel R_0]$$

b) Calculer la tension et la résistance de Thévenin quand la masse de l'objet à peser est égale à 100 g, puis à 10 kg, si $E = 5$ V, $R_0 = 1,8$ kΩ et $K = 0,005$ kg^{-1}.

$\underline{\text{Réponse}}$: 1,25 mV et 0,9 Ω à 100 g ; 122 mV et 90 Ω à 10 kg

Comparer ΔR et R_0 dans les deux cas. Peut-on considérer la fonction $V(M)$ comme linéaire et avec quelle erreur?

c) Calculer la traction $\dfrac{\Delta l}{l}$ quand $M = 10$ kg.

$\underline{\text{Réponse}}$: 0,285 mm

Exemple 3 : Capteur de niveau

Pour mesurer le niveau de liquide dans une cuve, on peut utiliser le capteur suivant :

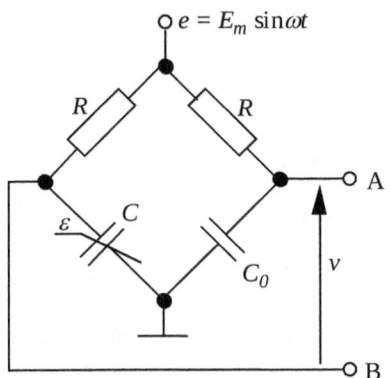

C'est un pont mixte, constitué de deux résistances identiques et de deux condensateurs à air identiques. Le condensateur C est disposé dans la cuve et ses électrodes sont verticales. Le liquide est un diélectrique d'une permittivité relative $\varepsilon_r > 1$.

Sans liquide $C = C_0 = \varepsilon_0 \dfrac{S}{d} = \varepsilon_0 \dfrac{lH}{d}$ où ε_0 est la permittivité de l'air, $S = lH$ est la surface de chacune des électrodes, l est leur largeur, H est leur hauteur et d est la distance entre elles.

Au fur et à mesure que le niveau du liquide monte, l'espace entre les électrodes du condensateur C se remplit. Le condensateur C peut être considéré comme deux condensateurs de diélectriques différents branchés en parallèle. Sa capacité C est égale à la somme de leurs capacités :

$$C = \varepsilon_0 \varepsilon_r \frac{lh}{d} + \varepsilon_0 \frac{l(H-h)}{d}$$

où h est le niveau du liquide. Alors

$$C = \varepsilon_0 \frac{lH}{d}\left(\frac{\varepsilon_r}{H}h + 1 - \frac{h}{H}\right) = C_0\left(1 + \frac{\varepsilon_r - 1}{H}h\right) = C_0 + \Delta C$$

avec $\Delta C = C_0 \dfrac{\varepsilon_r - 1}{H} h$ une fonction linéaire du niveau de liquide h.

Le pont est alimenté par une tension sinusoïdale $e = E_m \sin \omega t$.

a) Représenter le circuit avec la source d'alimentation e par un générateur de Thévenin et exprimer la tension v et l'impédance de Thévenin en notation complexe en fonction de ω, C_0, ΔC, R et e ($v = \underline{V}$ et $e = \underline{E}$ en notation complexe).

Réponse : $\underline{V} = \underline{E} \dfrac{j\omega R \Delta C}{(1 + j\omega R C_0)[1 + j\omega R(C_0 + \Delta C)]}$,

$$\underline{Z} = R \dfrac{2 + j\omega R(2C_0 + \Delta C)}{(1 + j\omega R C_0)[1 + j\omega R(C_0 + \Delta C)]}.$$

b) Trouver et calculer les modules de $\underline{V}$ (la valeur efficace) et $\underline{Z}$ si $f = 50$ Hz, $E = \dfrac{E_m}{\sqrt{2}} = 10{,}6$ V, $\varepsilon_r = 2{,}2$, $C_0 = 800$ pF, $\dfrac{h}{H} = 0{,}5$ (cuve demi-pleine ou demi-vide selon que vous êtes optimiste ou pessimiste) et $R = 330$ kΩ.

<u>Indice</u>: Se souvenir que le module du produit de deux nombres complexes est égal au produit de leur modules ; pareil pour le quotient.

♦ Le théorème de Norton en notation complexe

Tout circuit linéaire vu de deux de ses nœuds A et B peut être modélisé par un générateur de courant $\underline{I}_N$ d'une impédance interne $\underline{Z}_N$:

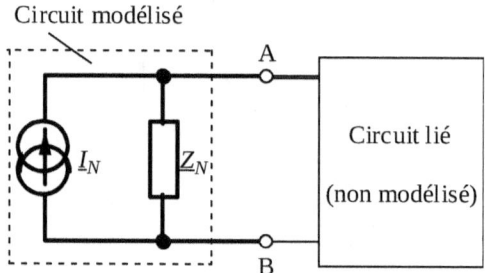

Le courant de Norton $\underline{I}_N$ est celui qui passe entre les nœuds A et B quand ils sont court-circuités et le circuit lié est déconnecté.

L'impédance de Norton est celle entre les nœuds A et B quand le circuit lié est déconnecté et tous les générateurs de tension et de courant indépendants du circuit modélisé sont éteints (les générateurs de tension court-circuités, les générateurs de courant interrompus).

Cette définition étant exactement la même que celle de l'impédance de Thévenin, on peut conclure que l'impédance de Norton d'un circuit linéaire est égale à son impédance de Thévenin :

$\underline{Z}_N = \underline{Z}_{th}$.

♦ Équivalence des modèles de Thévenin et de Norton

Cette équivalence est due au fait que les deux modèles se substituent au même circuit. La tension à vide du modèle de Norton doit donc être égale à la tension de Thévenin $\underline{E}_{th}$ et le courant de court-circuit du modèle de Thévenin doit être égal au courant de Norton $\underline{I}_N$:

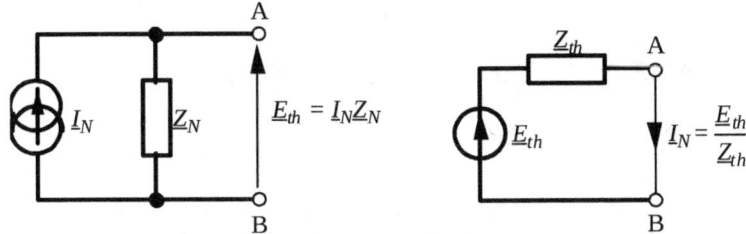

Il suit encore une fois que $Z_N = Z_{th}$, ainsi que :

$E_{th} = I_N Z_N = I_N Z_{th}$.

♦ Le théorème de superposition en notation complexe

La tension (ou le courant) d'une branche d'un circuit linéaire est égale à la somme des tensions (ou des courants) dues à chacun des générateurs indépendants de tension et de courant agissant seul (les autres étant éteints).

Généralisation

Le théorème de superposition permet de simplifier l'analyse de certains circuits. Mais il a un sens plus profond. Les tensions et les courants sinusoïdaux dans un circuit linéaire peuvent être considérés comme réaction (réponse) du circuit à l'action des sources indépendantes de signal (les générateurs indépendants de courant et de tension). Le théorème de superposition peut être donc généralisé comme suit :

La réponse d'un circuit linéaire à plusieurs signaux sinusoïdaux est la somme des réponses à chacun d'eux.

Un circuit linéaire n'engendre donc pas de nouveaux harmoniques dans le spectre du signal. S'agissant par exemple d'un signal audio, il ne change pas le timbre du signal.

Annexe B

AMPLIFICATEURS OPÉRATIONNELS

B1 Paramètres et caractéristiques

♦ Schéma synoptique

Un amplificateur opérationnel est le plus souvent constitué de trois étages branchés en cascade : un étage différentiel à sortie non symétrique, un étage émetteur commun (ou source commune) et un étage classe B :

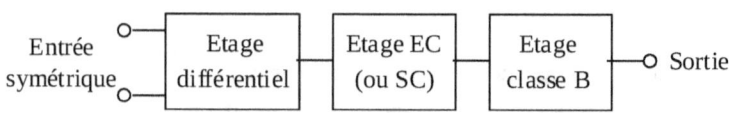

Comme chaque amplificateur, il doit avoir une grande résistance d'entrée et une petite résistance de sortie. L'étage classe B assure cette dernière. La grande résistance d'entrée est assurée par le choix astucieux des composants de l'étage différentiel (transistors ou associations de transistors à bêta élevé, des associations de transistors CC-EC (collecteur commun-émetteur commun) ou CC-BC (collecteur commun-base commune), ainsi que des transistors à effet de champ (TEC) ou MOS au lieu de transistors bijonction). Le choix d'un étage à entrée symétrique assure un très grand nombre d'applications possibles. Dans le même but, l'amplification, qui est assurée par les deux premiers étages, est énorme. Enfin, pour obtenir un taux de rejet des signaux de mode commun assez élevé (voir plus bas), il faut que l'étage différentiel qui l'assure soit maximalement symétrique, ce qui n'est pratiquement pas possible à obtenir avec des composants discrets. C'est pourquoi (mais pas seulement) les amplificateurs opérationnels sont exclusivement réalisés comme des circuits intégrés. Tous les éléments d'un circuit intégré sont fabriqués en même temps, sur le même substrat, avec des mêmes matériaux et sous mêmes conditions technologiques, ce qui permet d'obtenir des composants presque identiques.

Un amplificateur opérationnel est donc une puce de silicium, d'une épaisseur de 0,2 mm et d'une surface de quelques mm^2 environ, mise dans un boîtier à plusieurs broches. A part les broches d'entrée et de sortie, il y a deux broches pour l'alimentation et, parfois, des broches pour corriger les erreurs statiques et la réponse en fréquence.

On produit également 2 ou 4 amplificateurs opérationnels sur le même substrat et dans le même boîtier avec des broches d'alimentation communes.

Les symboles utilisés dans la littérature pour représenter un amplificateur opérationnel sont :

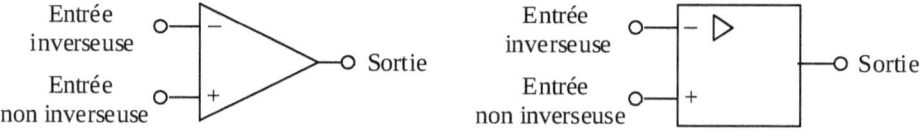

Ils ne comportent pas les broches supplémentaires, sauf exception.

Pour éviter les résistances de polarisation et les condensateurs de liaison, on utilise deux tensions d'alimentation symétriques. L'amplificateur opérationnel est un composant à couplage direct et sa fréquence de coupure basse est nulle. Autrement dit, il peut amplifier des signaux d'une fréquence très basse et même nulle.

Le nom de l'amplificateur opérationnel vient du fait qu'il est utilisé dans des circuits réalisant des opérations mathématiques (addition, soustraction, intégration etc.) sur des tensions. Mais le domaine de son application est beaucoup plus vaste.

♦ **Schéma équivalent petit signal**

En régime linéaire (petit signal), l'amplificateur opérationnel se caractérise par sa résistance d'entrée r_e, sa résistance de sortie r_s et son amplification en tension à vide $A = \dfrac{u}{\varepsilon}$:

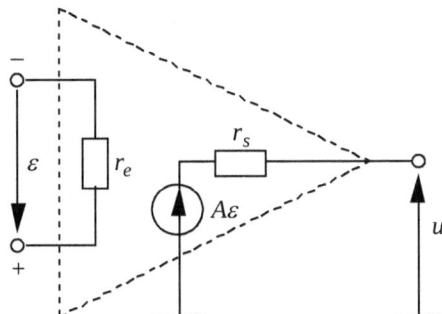

Fig. B1 Schéma équivalent linéaire d'un amplificateur opérationnel réel

A hautes fréquences, ces paramètres deviennent complexes.
La caractéristique de transfert dynamique $u(\varepsilon)$ de l'amplificateur opérationnel est :

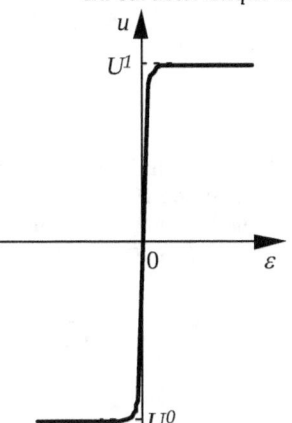

La tension de sortie u ne peut excéder les valeurs absolues des U^1 et U^0 dites *unité et zéro logiques* ou *tensions de saturation*. A vide, les tensions de saturation sont égales aux tensions d'alimentation ($U^1 = E_1$ et $U^0 = -E_2$). Avec charge, elles sont un peu plus basses en valeur absolue, car le transistor de sortie qui est passant constitue un diviseur de tension avec la charge. Le régime linéaire a lieu quand la tension de sortie u est proportionnelle à la tension différentielle d'entrée ε (epsilon). Le coefficient de proportionnalité est A ; c'est la pente de la partie abrupte de la caractéristique $u(\varepsilon)$. L'amplification A étant très grande ($A \geq 100\,000$), la partie abrupte de la caractéristique est presque verticale et en régime linéaire ε est inférieure à une centaine de microvolts. On prend le plus souvent $\varepsilon = 0$, ce qui correspond à $A \to \infty$. Ceci n'est vrai que si $U^0 < u < U^1$, c'est à dire, en régime linéaire (petit signal)!

En saturation, $u = U^1$ (ou $u = U^0$) et ne dépend pas de la tension d'entrée laquelle peut prendre des valeurs positives (ou négatives) considérables. L'amplification en tension est nulle (c'est la pente de la caractéristique $u(\varepsilon)$) et l'amplificateur opérationnel ne fonctionne pas en régime linéaire.

En régime linéaire, la résistance (différentielle) d'entrée r_e est très grande et la résistance de sortie r_s petite. Leur influence sur les paramètres des montages à amplificateurs opérationnels est négligeable et on prend habituellement $r_e \to \infty$ et $r_s = 0$.

♦ **Réponse en fréquence**

Dans la plupart des cas, les amplificateurs opérationnels comportent un condensateur intégré qui corrige leur réponse en fréquence et réduit leur *fonction de transfert* à l'expression :

$$\underline{A} = \dfrac{A_0}{1 + j\dfrac{f}{f_h}},$$

où A_0 est l'amplification en tension à la fréquence $f = 0$ et f_h est la fréquence de coupure haute. C'est une fonction de transfert du premier ordre.

Les caractéristiques de transfert (module et phase) qui correspondent à cette expression, sont :

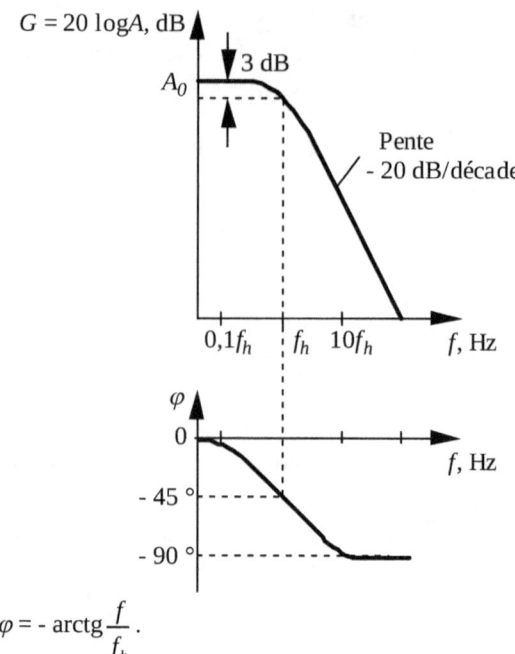

avec $A = \dfrac{A_0}{\sqrt{1+(\dfrac{f}{f_h})^2}}$ et $\varphi = -\arctg \dfrac{f}{f_h}$.

Pour l'amplificateur opérationnel type 741, $f_h = 10$ Hz ; au delà de f_h, le gain diminue de 20 dB par décade, ce qui signifie que le module A de l'amplification en tension diminue 10 fois (20 dB) quand la fréquence croit 10 fois (une décade). La courbe $A(f)$ est donnée dans les catalogues sous le nom *Open-Looped Voltage Gain as a Function of Frequency*. L'échelle pour A et f est logarithmique.

♦ **Erreurs statiques**

On peut représenter les sources de signal aux entrées d'un amplificateur opérationnel dans un montage linéaire par leurs schémas équivalents de Thévenin e_1-R_{G1} et e_2-R_{G2} :

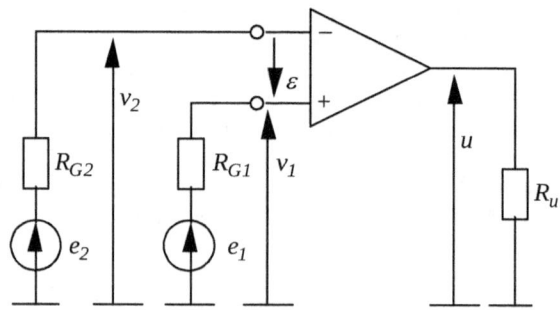

Fig. B2 Branchement de l'amplificateur opérationne

En l'absence de signal (e_1 et e_2 court-circuitées), la tension u sur la charge R_u devrait être nulle. En réalité, on mesure en sortie une tension continue d'une valeur arbitraire se trouvant entre les tensions de saturation U^0 et U^1 ou égale à l'une d'elles. On l'appelle *tension de décalage de sortie*. Elle est due à la non égalité des résistances de Thévenin R_{G1} et R_{G2} et aux dissymétries de l'étage différentiel d'entrée.

En effet, les courants de polarisation d'entrée d'un amplificateur opérationnel réel ne sont pas nuls ; ce sont par exemple les courants de base aux points de fonctionnement des transistors d'entrée. Si $R_{G1} \neq R_{G2}$, ces courants vont créer sur elles des tensions v_1 et v_2 différentes et donc une tension différentielle $\varepsilon = v_1 - v_2$ qui va être amplifiée et provoquera l'apparition d'une tension de décalage en sortie U_p. Pour annuler cette dernière, on s'efforce à assurer l'égalité entre les deux résistances de Thévenin :

$$R_{G1} = R_{G2}. \tag{B1}$$

Mais la tension U_p due aux courants de polarisation n'est que l'une des composantes de la tension de décalage de sortie et son annulation réduit mais n'annule pas cette dernière. L'autre composante est due aux dissymétries de l'étage différentiel. Si, par exemple, les bêta des transistors d'entrée ne sont pas égaux, les courants de collecteur seront différents même quand les courants de base sont égaux et la tension de sortie ne sera pas nulle. Les dissymétries entre les caractéristiques d'entrée des transistors ou entre les résistances branchées aux collecteurs produisent le même effet.

Pour juger de la qualité des amplificateurs opérationnels, on introduit les notions *courant de polarisation d'entrée* I_{BIAS} (*Input Bias Current*), *tension de décalage d'entrée* U_{0S} (*Input Offset Voltage*) et *courant de décalage d'entrée* I_{0S} (*Input Offset Current*).

La tension de décalage d'entrée U_{0S} est la tension continue qu'on doit appliquer entre les deux entrées de l'amplificateur opérationnel pour annuler la tension de décalage de sortie. Cette tension est de 5 à 10 mV (< 1 mV pour les amplificateurs opérationnels de précision).

Le courant de décalage d'entrée I_{0S} est le courant continu qu'on doit injecter entre les deux entrées de l'amplificateur opérationnel pour annuler la tension de décalage de sortie. Sa valeur ne dépasse pas quelques centaines de nanoampères. Les valeurs maximales de I_{BIAS}, U_{0S} et I_{0S} figurent dans les catalogues.

La tension de décalage de sortie change le point de fonctionnement de l'étage de sortie de l'amplificateur opérationnel jusqu'à sa saturation, ainsi que la composante continue du signal de sortie. Elle doit être impérativement annulée dans la plupart des cas. Pour ce faire, on procède de manière suivante. On assure l'égalité des résistances de Thévenin branchées aux deux entrées de l'amplificateur (voir (B1)) ; il s'agit des résistances ohmiques, car cette égalité doit avoir lieu en continu. On réalise le montage et on branche entre les broches "Offset Null" un potentiomètre, le curseur lié à l'alimentation -E_2 :

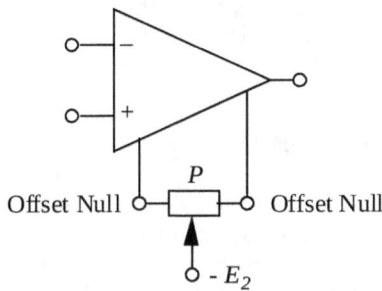

La résistance nominale recommandée du potentiomètre est indiquée par le constructeur de l'amplificateur opérationnel. Pour le 741 par exemple, elle est de 10 kΩ, et pour le TL081, de 100 kΩ.

Les deux parties réglables de la résistance du potentiomètre sont branchées en parallèle aux résistances de charge de l'étage différentiel et introduisent des dissymétries qui compensent l'effet des autres dissymétries de l'étage. Le réglage se fait en l'absence de signal (e_1 et e_2 court-circuitées, mais pas R_{G1} et R_{G2}) jusqu'à l'annulation de la tension de décalage de sortie, mesurée par un voltmètre CC. La procédure s'appelle *compensation de l'offset*.

L'annulation de la tension de décalage de sortie à l'aide du potentiomètre, sans respecter (B1), quoique possible dans beaucoup de cas, n'est pas recommandée, car la composante U_p est habituellement très grande et demande l'introduction d'une grande dissymétrie pour être compensée. Ceci détériore le *TRMC* de l'amplificateur lequel dépend des dissymétries.

♦ Taux de rejet des signaux de mode commun *TRMC*
(**common mode rejection ratio** ou *CMRR* en anglais)

Le *TRMC* de l'amplificateur opérationnel est donné par la formule:

$TRMC = \dfrac{A}{A_{MC}}$.

Ici $A = \dfrac{u}{\varepsilon}$ est l'amplification du signal différentiel d'entrée $\varepsilon = v_1 - v_2$ et $A_{MC} = \dfrac{u}{v_{MC}}$ – l'amplification du signal de mode commun d'entrée $v_{MC} = \dfrac{v_1 + v_2}{2}$ (voir fig. B2).

Attention ! La tension u dans ces deux formules n'est pas la même. En effet, il s'agit des deux composantes inséparables de la tension de sortie: la première est due au signal utile ε, et la deuxième – au signal inutile v_{MC} ; pour un amplificateur opérationnel idéal, la deuxième composante est nulle, $A_{MC} = 0$ et *TRMC* est infiniment grand.

Le *TRMC* figure toujours dans les catalogues. Sa valeur se trouve habituellement entre 80 et 110 dB.

♦ Courant de sortie maximal

Ce courant dépend de la puissance maximale que le composant peut dissiper. Il a une valeur typique de 20-30 milliampères pour les amplificateurs opérationnels à usage général, et supérieure à 100 milliampères (parfois 2 ou 3 ampères) pour les amplificateurs opérationnels de puissance. En cas de dépassement de ce courant (par exemple à cause d'un court-circuit entre la sortie et la masse), un circuit de protection incorporé se déclenche et limite sa valeur en préservant ainsi l'amplificateur d'un endommagement. Mais le montage cesse de fonctionner correctement.

Le courant de sortie maximal I_{sc} (*Output Short-circuit Current*) est donné toujours dans les catalogues. Il détermine la valeur minimale de la résistance de la charge R_u, mais aussi les valeurs minimales des autres résistances branchées à la sortie de l'amplificateur opérationnel.

♦ Amplificateur opérationnel idéal (parfait)

C'est un amplificateur qui a une amplification en tension A, une résistance d'entrée r_e, une bande passante $\Delta f = f_h$ et un taux de rejet des signaux de mode commun *CMRR* infiniment grands, ainsi qu'une résistance de sortie r_s et une tension de décalage de sortie nulles. Par conséquent, la tension différentielle d'entrée ε et les courants d'entrée d'un tel amplificateur sont nuls.

Supposer qu'un amplificateur opérationnel est idéal permet de simplifier les analyses sans que l'erreur soit significative, sauf pour la tension de décalage de sortie et la bande passante. On résout ce problème en procédant à la compensation de la tension de décalage de sortie et en choisissant un amplificateur opérationnel d'une bande passante assez large (le choix dépend du circuit concret).

B2 Montages amplificateurs de base

a) Montage inverseur

Comme chaque amplificateur, ce montage se caractérise par son amplification en tension $A_v = \dfrac{U}{V}$, son impédance d'entrée $Z_e = \dfrac{V}{I_e}$ et son impédance de sortie $Z_s = \dfrac{U}{I_s}\Big|_{V=0}$. Si l'amplificateur opérationnel est idéal, la tension ε et ses courants d'entrée sont nuls. Le potentiel de l'entrée inverseuse est égal à zéro, mais elle n'est pas liée à la masse ; c'est une *masse virtuelle*. Le même courant I_e passe par Z_1 et Z_2. De la loi d'Ohm, il suit que $I_e = \dfrac{V}{Z_1} = -\dfrac{U}{Z_2}$, donc

$$A_v = \dfrac{U}{V} = -\dfrac{Z_2}{Z_1}, \tag{B2}$$

$$Z_e = \dfrac{V}{I_e} = Z_1. \tag{B3}$$

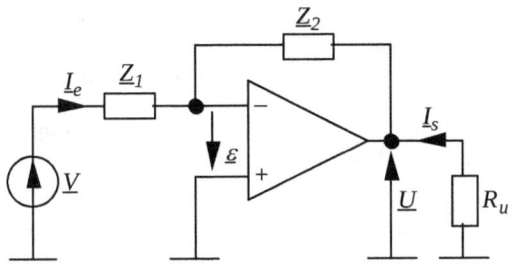

Comme la résistance de sortie r_s de l'amplificateur opérationnel est nulle, l'impédance de sortie du montage vue par la charge est nulle aussi :

$$Z_s = \dfrac{U}{I_s}\Big|_{V=0} = 0 \tag{B4}$$

Les tensions de sortie et d'entrée sont en opposition de phase, d'où le nom du montage.

Fig. B3 Montage inverseur

b) Montage non inverseur

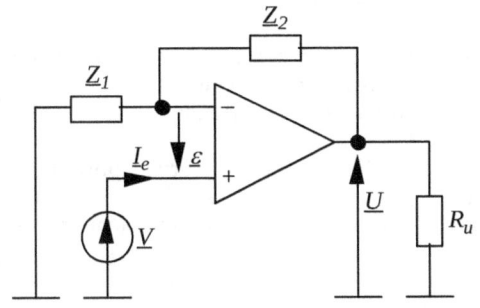

Si l'amplificateur opérationnel est idéal, la tension ε et ses courants d'entrée sont nuls ; par conséquent, le potentiel de l'entrée inverseuse est égal à V, et les courants à travers les impédances Z_1 et Z_2 sont égaux : $\dfrac{U-V}{Z_2} = \dfrac{V}{Z_1}$, d'où on trouve l'amplification en tension :

$$A_v = \dfrac{U}{V} = 1 + \dfrac{Z_2}{Z_1}. \tag{B5}$$

Fig. B4 Montage non inverseur

Pour un amplificateur opérationnel idéal $r_e \to \infty$, $r_s = 0$ et on obtient $Z_e \to \infty$ et $Z_s = 0$.
Les tensions de sortie et d'entrée sont en phase, d'où le nom du montage.

L'avantage principal du montage non inverseur devant le montage inverseur est son énorme impédance d'entrée. Mais il est sensible aux signaux de mode commun, car aucune de ses entrées n'est liée à la masse.

c) Montage suiveur (tampon)

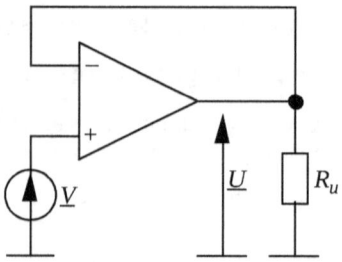

Fig. B5 Montage suiveur

Ce montage peut être considéré comme un cas particulier du montage non inverseur, avec $Z_1 \to \infty$ et $Z_2 = 0$. Son amplification en tension est juste égale à l'unité (voir (B5)) : la tension de sortie $\underline{U}$ "suit" la tension d'entrée $\underline{V}$. Son impédance d'entrée est énorme et son impédance de sortie est presque nulle. C'est un adaptateur d'impédances ou *tampon* idéal qui sépare complètement le générateur de signal d'entrée et la charge.

En cas où la résistance de Thévenin R_0 du générateur de signal d'entrée n'est pas négligeable, on branche une résistance $R_2 = R_0$ entre l'entrée inverseuse et la sortie :

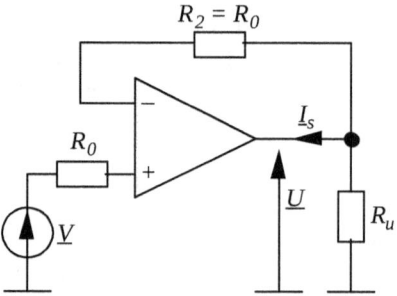

En l'absence de signal, R_2 est "liée" à la masse, elle est donc égale à la résistance de Thévenin branchée à l'entrée inverseuse. L'équation B1 étant respectée, la composante U_p de la tension de décalage de sortie due aux courants de polarisation d'entrée se trouve annulée et la tension de décalage de sortie, minimisée.

Il est facile de vérifier que la résistance R_2 n'a aucune influence pratique sur l'amplification, la résistance d'entrée et la résistance de sortie du montage.

Pour annuler complètement la tension de décalage de sortie, il faut utiliser un potentiomètre (voir plus haut).

Annexe C

FILTRES R-C

Les filtres sont des circuits de sélection des signaux selon leurs fréquences. Le module de la fonction de transfert (la transmittance) d'un filtre est relativement élevé pour certaines fréquences et relativement petit (dans le cas idéal - nul) pour d'autres. S'il est élevé à basses fréquences et petit à hautes fréquences, c'est un *filtre passe-bas* ; si c'est l'inverse, c'est un *filtre passe-haut*. S'il est élevé dans une bande de fréquences et petit pour des fréquences en dehors de cette bande, c'est un *filtre passe-bande* ; et si c'est l'inverse - c'est un *filtre réjecteur de bande*.

C1 Filtre passe-bas

La figure C1 représente un filtre passe-bas constitué d'une résistance R et d'une capacité C fonctionnant sur une charge de résistance équivalente R_u.

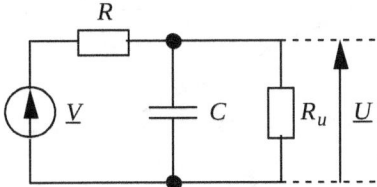

Fig. C1 Filtre passe-bas R-C

Sa fonction de transfert

$$\underline{T} = \frac{\underline{U}}{\underline{V}} = \frac{R_u \parallel \frac{1}{j\omega C}}{R + R_u \parallel \frac{1}{j\omega C}} = \frac{\frac{R_u}{R+R_u}}{1 + j\omega C(R \parallel R_u)} = \frac{T_0}{1 + j\frac{\omega}{\omega_p}} = \frac{T_0}{1 + j\frac{f}{f_p}},$$

où $T_0 = \frac{R_u}{R+R_u}$ est sa valeur à $f = 0$, et $f_p = \frac{\omega_p}{2\pi} = \frac{1}{2\pi C(R \parallel R_u)}$ s'appelle *fréquence de coupure, fréquence de pôle* ou *pôle*. Son module T et sa phase φ (le déphasage de $\underline{U}$ par rapport à $\underline{V}$) sont :

$$T = \frac{T_0}{\sqrt{1 + (\frac{f}{f_p})^2}} \quad \text{et} \quad \varphi = -\arctan\frac{f}{f_p}.$$

Ils sont tracés ci-dessous en fonction de la fréquence pour $T_0 = 0{,}8$ (≈ -2 dB). Comme il est d'usage, l'échelle est logarithmique pour f et T et linéaire pour φ.

A $f = f_p$, $T = \frac{T_0}{\sqrt{2}} = 0{,}707 T_0$ (une chute de 3 dB par rapport à T_0) et $\varphi = -45°$. A $f = 0{,}1 f_p$, $T \approx T_0$ et $\varphi = -5{,}7°$. Et à $f = f_p$, on a $T \approx T_0 \frac{f_p}{f}$ et $\varphi = -84{,}3°$. Pour des fréquences supérieures à $3f_p$ environ $T \approx T_0 \frac{f_p}{f}$ et la pente de la caractéristique de transfert $T(f)$ devient égale à -20 dB/décade, ce qui signifie que le gain diminue de 20 dB (10 fois) quand la fréquence augmente d'une décade (10 fois également).

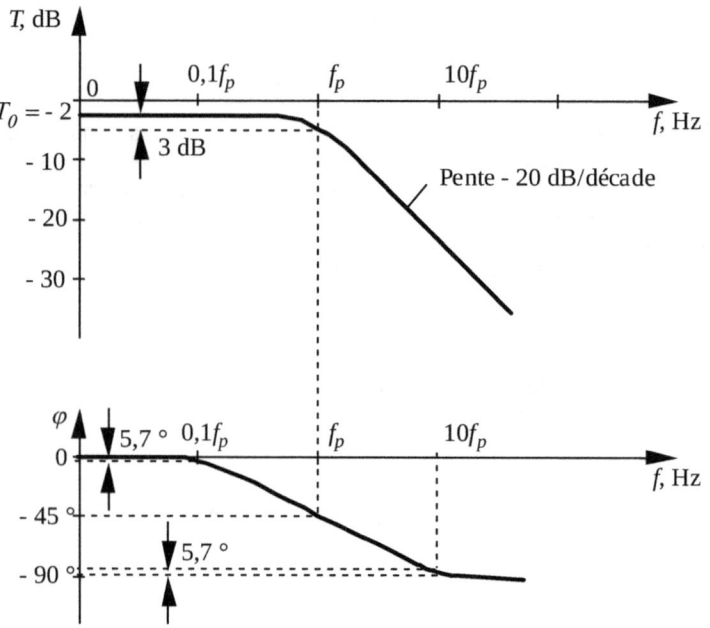

La bande passante du filtre est déterminée au niveau - 3 dB par rapport au gain maximal T_0 ; elle s'étend de 0 à f_p hertz.

Les filtres qui ont un seul pôle sont *du premier ordre*. C'est le cas.

A vide ($R_u \to \infty$), $T_0 = 1$ (0 dB) et $f_p = \dfrac{1}{2\pi CR}$. La charge réduit donc T_0 et déplace la fréquence de coupure du filtre.

D'autre côté, la résistance interne R_G du générateur de signal d'entrée doit être ajoutée à la résistance R ; elle aussi modifie le gain et la fréquence de coupure :

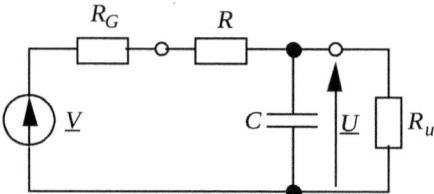

Pour réduire ces influences au minimum, on choisit $R_G \ll R \ll R_u$.

C2 Filtre passe-haut

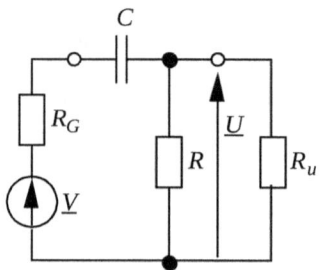

Fig.C2 Filtre passe-haut *R-C*

La fonction de transfert

$$T = \frac{U}{V} = \frac{R \| R_u}{R \| R_u + R_G + \frac{1}{j\omega C}} = \frac{\frac{R \| R_u}{R \| R_u + R_G}}{1 - j\frac{1}{\omega C(R \| R_u + R_G)}} = \frac{T_0}{1 - j\frac{f_p}{f}},$$

où $T_0 = \frac{R \| R_u}{R \| R_u + R_G}$ et $f_p = \frac{\omega_p}{2\pi} = \frac{1}{2\pi C(R \| R_u + R_G)}$.

Son module $T = \frac{T_0}{\sqrt{1 + (\frac{f_p}{f})^2}}$ et son argument $\varphi = -\arctg(-\frac{f_p}{f}) = \arctg\frac{f_p}{f}$.

L'influence de R_G et R_u sera minimale quand $R_G \ll R \ll R_u$. On choisit par exemple $R \approx \sqrt{R_G R_u}$.

Par exemple, si on a $R_G = 100\ \Omega$, $R_u = 100\ k\Omega$ et on veut une fréquence de coupure $f_p = 80$ Hz, on calcule $R \approx 3\ k\Omega$, $T_0 = 0{,}967$ (- 0,3 dB) et $C = \frac{1}{2\pi f_p(R \| R_u + R_G)} = 680$ nF. Les caractéristiques de transfert sont :

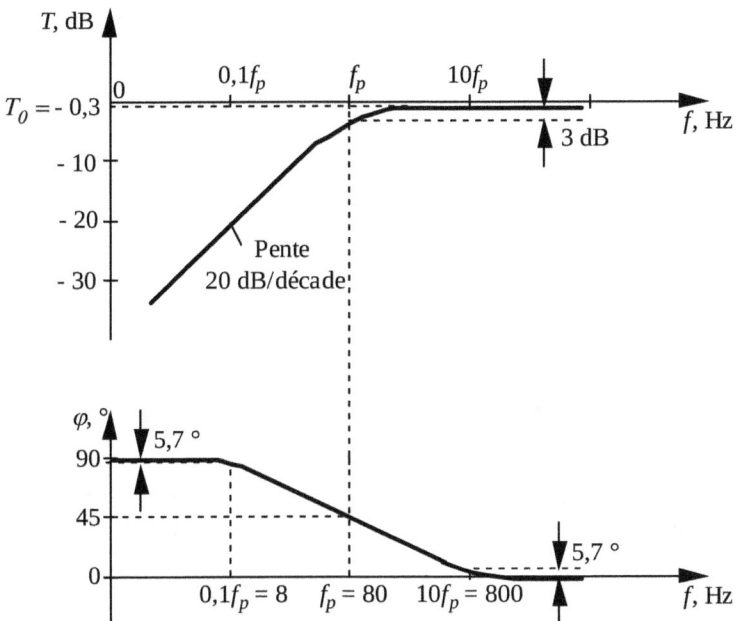

Théoriquement, la bande passante s'étend de f_p à l'infini. En réalité, elle est limitée d'en haut par les capacités et les inductances parasites du montage.

A basses fréquences ($f < \frac{f_p}{3}$), la pente de $T(f)$ est de 20 dB par décade. C'est donc un filtre du premier ordre.

www.ingramcontent.com/pod-product-compliance
Lightning Source LLC
Chambersburg PA
CBHW070850220526
45466CB00005B/1951